国家機密と良心

私はなぜペンタゴン情報を暴露したか

ダニエル・エルズバーグ

梓澤 登、若林 希和 訳

（表紙・本文写真撮影＝坂仁根（二〇一八年五月五日、米サンフランシスコ近郊のエルズバーグ氏自宅にて））

岩波ブックレット No. 996

はじめに

梓澤和幸

エルズバーグが命がけで明らかにしたペンタゴン・ペーパーズ(米国防総省秘密報告書)とは何か。なぜ今も語るべき価値をもつのか。この問いに答えるためには、ベトナム戦争が何を犠牲にしたのかを明らかにしなければならない。

戦争を語るとき、しばしば子どもたちの経験は深いところをつく。戦場で子どもたちはどんな体験を強いられたのか。

何年も現地にいた現役のカメラマン石川文洋さんの写真が忘れられない。必死に脱出した村が高い煙を立ち昇らせて向こう側で炎上している。ベトナムの女たちがしゃがみこんでその光景を呆然と眺めている。母親たちは「子ども」と叫んだ、という。村落には、一緒に逃げられなかった子どもたちがまだ残されているのだ。もう一枚の写真。突然アメリカ兵の攻撃を受けた村の一軒の家の中。一〇歳ほどの女の子がいる。その黒く大きな瞳は静かだが不信が凝縮した、射るような視線をカメラに向けている。子どもたちは自らが命の危機と恐怖に直面し、父母や兄弟姉妹が目の前で命を奪われるのを目撃させられているのだ(石川文洋『フォトドキュメント・ベトナム　戦争と人間』創和出版、一九八九年)。

子どもたちは戦闘にも、戦争への意思決定にも全く関与することがない。いわんや戦争中に懐妊した女性の子、孫、ひ孫の世代であれば何の咎《とが》もない。それなのに、いまも苦しみを与えられている子どもたちは少なくない。

解放戦線ゲリラをあぶり出し、拠点の農村を疲弊させる目的でアメリカ軍が散布した枯葉剤(ダイオキシン）が原因とされる死者、障害者は膨大な人数と伝えられる。いまも寝たきりの生活や手足に重度の障害を残しているひ孫世代も少なくない。寝たきりの床でやせほそり、折れ曲がった手足を持つ一七歳の少年の姿が紹介されている。介護するのは、九一歳の老いた女性である（平松伴子『ベトナムレポート　三〇軒になる「仁愛の家」前世からの縁の中で』コールサック社、二〇一八年）。

二〇〇万人ともいわれるベトナム側の犠牲者、五万七〇〇〇人に及ぶアメリカ軍兵士の戦死者、四九六八人の韓国軍兵士死者。これだけの痛みと悲しみを強いる戦争には国家が民衆を駆り立てる「正義」が必要だ。本当のところ、どんな動機、目的で戦争は開始され、拡大され、継続されたのか。一九六七年六月、戦争の真っ最中であるが、ベトナム戦争に幻滅を感じていたジョンソン政権当時のマクナマラ国防長官は、アメリカがなぜベトナムにこれほど深く介入したのか、大規模な研究報告を部下に命じ、四〇人の調査チームを作った。このチームは一年半かけて調査研究を進めた。

それは一九六九年一月、七〇〇〇頁四七巻に及ぶ膨大な歴史的叙述と付属公文書の報告、記録集となって結実した。これが米国防総省秘密報告書《ペンタゴン・ペーパーズ》である。本書の著者エルズバーグは、米国防総省次官補補佐官の経歴もあり、この記録集の編集、作成にかかわった四〇人の一人であった。戦争の本質を知った彼は、秘密文書を公開の議会でとりあげるよう何人かの政治家を説得したが期待した反応がなかった。これに失望したエルズバーグは失職、投獄、処刑を覚悟のうえ、一九七一年二月、公文書ペンタゴン・ペーパーズを新聞に告発した。戦争進行中のことである。その内容は否定しがたい政府作成の文書として戦争の真実、不正義を語った。

この文書の内容を初めて報道したメディア、『ニューヨークタイムズ』の第一弾はトンキン湾事件の顛末であった。事件当時は一九六四年八月、ベトナム中部トンキン湾で北ベトナムの軍艦が二回にわたりアメリカの軍艦を砲撃したと報道された。しかし実際には一回目はアメリカ側の挑発による砲撃であり、二回目は実際にはなかった架空の出来事であった。

アメリカのジョンソン大統領は上下両院議会の決議に基づき、北側の砲撃を口実に北ベトナムへの爆撃を大規模に拡大した。『ニューヨークタイムズ』連載第一回はトンキン湾事件の三か月も前に次のシナリオが書かれていたことを伝えた。すなわち北の攻撃を口実にして南を防衛するため、北爆の大規模な拡大をする。その戦争遂行権限をアメリカ上下両院議会は大統領に付与する。あらかじめのシナリオで、ことの起こる三か月前の一九六四年五月に上下両院の決議文まで出来上がっていたのである。

ペンタゴン・ペーパーズの全体は次のような内容で構成されていた(ニューヨーク・タイムス編『ベトナム秘密報告　米国防総省の汚ない戦争の告白録』上・下巻、サイマル出版会、一九七二年)。

1　アメリカのインドシナ半島への介入

第二次大戦直後のフランスとベトナム人民戦線との戦争は旧宗主国フランスの戦争と理解されていた。しかし実はアメリカは初めからフランスを威嚇しながらこの戦争を遂行していた。

2　南ベトナムの政府は独立国の体裁をとっていたが歴代政府はみなアメリカの傀儡《かいらい》であった。

3　南北ベトナムの内戦にアメリカは直接、介入を開始した。

4　ある南ベトナム政権(ゴ・ディン・ジエム政権)が支配の力を失ったとみるやアメリカは露骨に介入して政権を転覆した。そして次の傀儡政権にすげ替えた。

5　「作られた」トンキン湾事件ののち北爆を大規模に拡大した。

6　一九六五年以降、アメリカは直接軍隊を派遣し、その兵力は延べ二五〇万人にも及んだ。

7　南ベトナム解放民族戦線が力をつけ解放区が拡大するや、アメリカ政府の内部に葛藤が生まれ、ジョンソン大統領は二期目の出馬を断念した。

以上のように、ペンタゴン・ペーパーズは隠されていたベトナム戦争の欺瞞《ぎまん》を政府自身の文書によって暴露した。

時の大統領ニクソンは、エルズバーグをおそれ、失脚を図った。そのために活動したのが「鉛管工」グループである。このグループは後に民主党本部に侵入して逮捕され、ニクソンはこのことをめぐって弾劾寸前にまで追い詰められ、辞任した（ウォーターゲート事件）。こうしてアメリカはベトナム戦争を遂行する力を失い、ベトナム人民の闘いも進んで一九七五年ベトナム戦争はアメリカの敗北に終わった。小さな国ベトナムが世界一の軍事力、影響力を持つ帝国に打ち勝ったのである。

刑罰で真実をおさえつける——特定秘密保護法（二〇一三年）に直面したとき、ペンタゴン・ペーパーズを暴露したその人の内面と勇気の声に接したかった。日本にお招きしたがかなわないとわかり、どうしても、と願う者たちで実行委員会を作った。アメリカ在住体験のある若林希和（通訳者。二〇一八年死去）と大山勇一（弁護士）、医学生（当時、現在は医師）がサンフランシスコ近郊のエルズバーグ氏宅を訪問しインタビューを実現した。それは二〇一六年三月一九日、二〇日の二日間にわたり、彼は情熱的に告発者の体験と核戦争の危機について語った。本書はこのインタビューの記録である。

特定秘密保護法以来の「戦争法」「共謀罪法」、改憲の動き、そして森友学園事件、加計《かけ》学園事件の動きは多く語る必要もない。本書をなぜ出すのかといえば絶望に陥りがちな私たちが希望を語るためである。このような時代には孤絶の中でも輝く良心を抱け。それは別の孤独な良心との連帯を呼び起こす。八〇代後半の齢に至ってもなお軒昂たるエルズバーグ氏の肖像写真は、まぎれもない彼の人生の軌跡の賜物だろう。その姿から私たちの胸の奥に語りかけてくる肉声に耳を澄ましたい。

（弁護士・日本ペンクラブ平和委員会委員長）

訳者注記

1．原文の注は、（　）で示した。
2．短い訳注は文中に［　］で挿入し、複数行にわたるものは、＊マークを付して、頁末に記載した。訳注を付すにあたっては、主に、『岩波　世界人名大辞典』（岩波書店）ならびに『ＢＡＳＩＣ 英米法辞典』（東京大学出版会）を参照した。
3．人名・地名は、一般的な慣用読みに従った。

一日目

（著者近影）

I　私の歩んだ道——人生の転機を迎えるまで

愛国少年から冷戦の闘士へ

私はイリノイ州のシカゴで生まれ、ミシガン州デトロイトで育ちました。デトロイトは第二次世界大戦で使用された戦車や爆撃機を製造した地であることから、［ファシスト国家と戦う］民主主義の兵器廠《へいきしょう》［軍事工場］として知られていました。父は構造工学の技術者として、爆撃機の製造工場を設計する仕事にたずさわっていました。

一〇歳のときに日本の真珠湾攻撃のニュースを知りました。これを境に、戦争の動向に関心をもつようになったことは言うまでもありません。戦争が終わったときは一四歳でしたが、愛国心に燃える若きアメリカ人になっていました。

兄が労働組合運動に関係するばりばりの左翼だったことに影響されて、組合のオルガナイザーや労働関係のエコノミストになることを考えたりもしました。

一七歳で自動車労働組合（UAW）に加入し、デトロイトの自動車工場で働きました。

ところが、後にハーバード大学に在学中、ソビエト連邦［以下、ソ連と略称］で進行中の事態にかんする当局筋の説明を信じこんで、熱烈な冷戦の闘士になってしまいました。例をあげれば、チェコスロバキアの政変やベルリン大空輸［いずれも一九四八年に起きた冷戦を象徴する事件］に恐怖感をおぼえました。朝鮮戦争がはじまると、北朝鮮の侵攻が発端と考え、アメリカの反撃を支持しました。第二次世界大戦中の軍事作戦と同じように考えたのです。

一九五二年にハーバードの経済学学位をとり、さらに翌年にかけてイギリスのケンブリッジ大学キングズカレッジで大学院生として勉学に励みましたが、その間は徴兵を猶予されていました。一九五四年に海兵隊に入隊して、士官養成の訓練をうけました。というのも、私が徴兵を引き延ばしているあいだに、おおぜいの兵士が朝鮮戦争に派遣されてきたのだ、という痛切な思いから軍務に服することが自分の責任と考えたのです。

除隊後、ランド研究所を経て、政府の要職に

私が入隊した一九五四年には朝鮮半島での戦闘は終わっていましたが、海兵隊の士官養成課程に合格し、海兵歩兵隊の小隊長に任じられました。後に中尉の身分でライフル中隊長に昇進する栄誉に浴したときには、大変誇りに思えました。一九五六年から翌年にかけてのスエズ危機［シナイ半島のスエズ運河をめぐる第二次中東戦争を指す］の際には地中海の第六艦隊で軍務に服し、その後、一九五七年から五九年にかけてハーバード大学にもどり、特別研究員の資格で研究に励みました。

その後、シンクタンクのランド研究所*に採用され、アメリカ空軍、後には国防長官から受注した委託調査研究にたずさわりました。

私の専門分野は、核兵器の運用と制御でしたが、次第に意図せざる核戦争の危険性を研究するようになりました。一九六一年に、ロバート・マクナマラ*国防長官の顧問に就任しました。長官の委嘱にもとづき、国家安全保障基本政策、すなわちソ連・中国を対象とする核戦争時の作戦計画にかんする公式ガイダンスを立案しました。

当時、われわれの考えでは、ICBM（大陸間弾道ミサイル）の保有数はソ連の方が優っていて、この「ミサイル・ギャップ」が、ソ連からの奇襲があった場合の反撃能力に不安を抱かせました。真珠湾攻撃型の奇襲が念頭にあったのです。これに対応する報復能力を確実なものにしようと、かなりの時間を費やしていました。ランド研究所に委託された運用と制御に関する研究のために、太平洋沿岸に散在する軍の指令部署をことごとく訪問し、太平洋軍最高司令官ハリー・フェルトの委嘱のもとにハワイを本拠地として研究に励みました。一例として、東京近在の秘密指令部署や日本各地および沖縄の基地を訪れたりしました。

嘉手納・韓国での実地体験

沖縄の嘉手納《かでな》空軍基地に行った際には、かなり多くの戦闘機が目に入りました。いずれも機体底部には、核爆発力一・一メガトン（高性能爆薬一〇〇万トン以上に相当します）のマーク28核融合爆弾［通常、水素爆弾を指す］が固定されていて、通告の一〇分後には離陸できる態勢になっていました。準備に抜かりないことが演習で示され、給油を完了次第、戦闘機が発進できるようになっていました。ただし、演習では実際の兵器を搭載して離陸することはできませんでした。というのは、マーク28核融合爆弾は開発初期のモデルで、性能が安定せず、落下事故や衝突が生じた場合には、大規模な爆発が起きたり、核爆弾が破裂する可能性が予想されたからです。したがって実際の諸条件通りに演習や訓練を行なうことは機能面から不可能でした。

韓国のクンサン［群山］基地にも行きましたが、ソ連の空軍基地まで空路数分の距離にあるこの基地では、一メガトンの弾頭を装備した一〇機の戦闘機が、警報から一〇分以内に発進する態勢にありました。誤った伝達がもたらすリスクの重大性に不安をおぼえたのもこのときでした。搭乗員は警報の発令に過敏になっていました。滑走路上で核関連の事故が発生した場合、基地自体が消滅し、他の戦闘機も跡形もなくなったことでしょう。実際には攻撃を受けていないのに警報が誤作動した場合でも、戦闘機は発進してしまいます。公認されざる戦闘行動、あるいは誤った警報によって、目の前にある戦闘機がパチンコ玉のように飛び立ってしまう光景を想像して強い危惧をおぼえました。

***ランド研究所**　アメリカ陸軍航空軍（現在の空軍）が、軍の戦略研究・立案を目的として一九四六年に設立したランド計画から発展。国家安全保障など軍事戦略の研究機関としての性格が強い。
***ロバート・マクナマラ**　（一九一六―二〇〇九）。実業家を経て、ケネディ―ジョンソン政権の国防長官に就任（六一―六八）。ベトナム介入政策を推進した。辞任後、世界銀行総裁。

核戦争による死者数の想定

当時は、ソ連軍との戦闘が発生した場合、アイゼンハワー*大統領の指揮のもと、さまざまな手順にしたがって、ソ連だけでなく中国の都市もことごとく爆撃する命令が空軍にくだされる計画が策定されていましたから、事態はさらに深刻なものでした。ベルリンや東ヨーロッパ、あるいはイラン、アフガニスタンなどいずれの地域であろうと、ソ連軍との戦闘が生じた場合、先の空爆命令が出されます。ソ連から攻撃を受けている、あるいはソ連の部隊との軍事衝突に入ったと判断された場合には、中国側の対応には関係なく、中国全土が核兵器で破壊されてしまうのです。

限定戦争の想定や中国を排除したソ連軍との戦闘プランが用意されていないことを深く憂慮した私は、ロバート・マクナマラ国防長官ならびに大統領補佐官を通じてジョン・F・ケネディ*大統領に危惧の念を伝えました。ある日、私の起案した質疑書が、ケネディ大統領の名前で補佐官から統合参謀本部*に提出されました。

私が投げかけた疑問は「あなた方が作成したソ連との戦争計画(プランでしかない、とはいえ)が、忠実に実行された場合、どれほどの数の人間が死ぬことになるのか?」というものでした。一週間後、大統領のもとに参謀本部から回答が届きました。この最高機密に属する回答が私にも見せられました。

「ソ連軍の反撃を想定しない条件で、わが国の核先制使用による死者の数は、ソ連と中国だけで三億二五〇〇万人と予測している」

さらに私は、アメリカ軍の攻撃がもたらす世界全体での死者がどれほどの数になるのか、照会しました。一週間後に届いた回答は次のようなものでした。

「西ヨーロッパ、つまりNATO同盟諸国ではさらに一億人、特に東部での放射性降下物は「風の向き次第」。これに加えて、東ヨーロッパ側の防空戦への対抗措置と指令統制センターの判断による核使用で一億人の死者が見込まれる。さらにソ連・中国の隣接地域――オーストリア、日本、アフガニスタン、フィンランドおよびインドの一部など――においても一億人の死者が発生する」

つまり、対ソ連攻撃計画が実行に移された場合の死者数は、合計でおよそ六億人にのぼると推計されていたのです。六〇〇万人にのぼるユダヤ人大虐殺《ホロコースト》の一〇〇倍です。しかも、ソ連軍の反撃による死傷者数は計算外です。

人類の歴史を通じてもっとも凶悪で無責任かつ無謀なプランです。しかも単なる思考実験ではなく、仮想訓練でもありません。作戦計画が実行された場合、現実のものになるのです。

＊**ドワイト・D・アイゼンハワー**　（一八九〇―一九六九）。合衆国第三四代大統領（五三―六一）。軍人出身。第二次大戦時、ヨーロッパ連合軍最高司令官としてドイツ降伏まで総指揮にあたった。

＊**ジョン・F・ケネディ**　（一九一七―六三）。合衆国第三五代大統領（六一―六三）。ベトナムへの軍事介入拡大政策を採用した。在任中、テキサス州ダラスで銃弾に倒れた。

＊**統合参謀本部**　国防総省内にある組織で、陸・海・空軍ならびに海兵隊の四軍を統括する。大統領、国家安全保障会議、国防長官に軍事面の諮問を行なう。

日本の港・沖合に核は持ちこまれていた

私はさらに軍の核兵器指令統制センターについても研究しました。沖縄の嘉手納基地や韓国のクンサンとオサン［烏山］にある空軍基地さらには航空母艦から、核兵器を発射する権限を有した多種多様な戦域司令官が派遣されていることを知りました。当然、いずれの戦域にも核兵器が配備されているので、ソ連軍の攻撃対象となることを意味しています。核を搭載した航空母艦や駆逐艦、巡洋艦などの艦船が寄港する日本各地の港湾施設も攻撃対象になります。

アメリカ国防総省は、日本の領土内の埠頭に接岸する軍の艦船が核兵器を積載しているかを問われた場合、肯定も否定もしません。主として反戦運動への刺激を避けるためです。核兵器を搭載する航空母艦は、東京に近い横須賀などの港に数週間、停泊します。日本政府は決して認めようとしませんが、港湾施設に核を搭載する艦船が停泊していたことは確かです。

さらに私は、国防総省への調査を通じて、核を搭載した戦車揚陸艦（ＬＳＴ）――兵士や輸送車両を海岸に上陸させる目的で設計された平底の水陸両用車――の存在を知りました。岩国［山口県］の海兵隊航空基地では、航空機に移送される核兵器が戦車揚陸艦に搭載されていました。警報が発令されると戦車揚陸艦が沖合に姿をあらわし、海岸線から八〇〇メートルの海上で待機します。日本の領土内であることは明白です。戦車揚陸艦が波打ち際まで接近すると水陸両用の牽引トラックが核兵器を搭載して艦内から飛び出します。トラックはなんども往復し、核兵器を海兵隊の航空機に移し替えるのです。

揚陸艦は日本の沿岸域に常時停泊していました。海軍は、「母港の沖縄に停泊中」とマクナマラ国防長官に虚偽の報告をしていました。しかし沖縄に入港するのは、数年に一度の再装備のときだけで、その期間を除けば、岩国の沖合に停泊していたのです。もし事故が発生した場合、あるいは共産主義国家の潜水士が軍艦を爆破した場合には、広島からさほど遠くない岩国で核が爆発する可能性が十分にありました。私がマクナマラ長官にこのことを伝えると、長官は、沖縄に入港していた軍艦に移動禁止命令をくだしました。

ところが海軍作戦本部長のバーク大将はこの指揮命令に激しく怒り、マクナマラ長官も海軍の官僚機構と一戦交えることを望まず、軍艦が岩国に戻ることを許可したのです。こうして一九六七年まで岩国停泊が常態化していました。ハーバード在学時に私が師事した教授で、当時は駐日大使をつとめていたライシャワー博士*がこのことを聞き及び、当の軍艦を日本から退去させないなら大使を辞任すると脅しをかけました。海軍も折れて出て、ようやく移動したのです。

私が一九八二年にこの経緯を『ワシントンポスト』の紙上で暴露し（発端は一九八一年五月二二日付『ワシントンポスト』に載ったモートン・ミンツ署名記事「日本沿岸一八〇メートルに原爆搭載艦が停泊」http://oldsite.nautilus.org/archives/library/security/papers/Nuclear-Umbrella-4.html）、ライシャワーもこれを追認した頃のことですが、日本社会党［当時］から、この問題について日本各地で講演するようお招きがありました。日本の防衛庁［当時］長官は、核兵器が

＊エドウィン・ライシャワー（一九一〇―九〇）。歴史学者。日本文化に関連する著作多数。国防総省・国務省勤務を経て、駐日大使（六一―六六）。

日本の領海に存在していたことについてはなにも知らないと否定し続けました。虚偽であることは明白でした。この件についてライシャワーと意見を交わしていた日本政府は核兵器の所在を知っており、日本国民をあざむいていたことは、ライシャワー自身も認めている通りです。

また、こんなこともありました。私が日本のテレビ番組に出演した際、テーブルの向かい側に座った自衛隊の元幕僚長(名前は失念)は二度にわたり、日本政府は核兵器の存在を知らないと発言しました。あきらかな虚偽です。アメリカ政府と同様に、あらゆる政権は嘘をつくものです。その発言のすべてが虚偽というわけではありませんが、嘘がつきものです。この場合、日本政府は反戦運動の高揚を回避するために虚言をくりかえしたのです。

ベトナム戦争を現地で体験

国防総省への入省は一九六四年のことですが、入省以前にもキューバ・ミサイル危機*の際には、国家安全保障会議の顧問として指揮・統制について助言しました。

私は政権の一員として核危機にかんする研究にたずさわっていましたが、その後、国防次官補ジョン・T・マクノートンの特別補佐として国防総省に招聘されました。危機的局面における意思決定に関心をもっていることが起用の理由と説明されました。

マクノートン次官補によれば、ベトナムでは危機的事態が続いており、私にとっては内側から危機を観察する格好の機会になるだろうとのことでした。こうして一九六四年の中頃から一年間、ちょうど軍のベトナム介入が拡大の一途をたどった時期に、次官補のもとで働きました。北ベトナムへの爆撃と大規模な部隊の投入がはじまった頃のことです。こうした事態に直面すると、戦争のただなかにいることが実感されました。かつて海兵隊に所属した者として、首都ワシントンからではなく、もっと接近した場所からこの戦争を見届けたいという欲求に駆られて国務省への移籍を志願し、国務省の一員としてベトナム現地に赴き、働きはじめました。

国防総省では公務員の身分としては最高位のGS－18に任じられていました。軍人でいえば中将、厳密には少将と中将の中間に相当する地位で、星形の勲章の数でいえば二つないし三つというものです。国務省には、外交官補として最高位（FSR－1）の身分で移籍しました。国務省ではさまざまな課題にとりくみましたが、とりわけ力を傾けたのがいわゆる「和平工作《パシフィケーション》」の評価でした。このフランス由来の用語は、アジアや北アフリカ地域のフランス植民地をめぐる支配権の確立を指すものでした。

「和平工作」が意味するものは、紛争解決にあたる植民地開拓者の権限、あるいは植民地化された国々における代理権を確立することでした。まさにベトナムにおいてアメリカが直面していた課題です。ベトナムの各地域をくまなく巡回した際には、かつて海兵隊でうけた訓練のおかげで、戦闘態勢にあるベトナム軍やアメリカの部隊と行動をともにすることができました。激しい

＊キューバ・ミサイル危機　一九六二年一〇－一一月にかけて、キューバにおける核ミサイル基地の建設をめぐって米ソ間の対立が深刻化し、核戦争勃発が危惧された。ソ連によるミサイル撤去で衝突は回避された。一般に「キューバ危機」と称される。

銃撃戦にも遭遇し、間近に戦争を体験したのです。

次第に、ベトナムで勝利はできないし、犠牲に相当する成果も得られそうにないことが、はっきりしてきました。そうした観点から見ると、ベトナムの民衆を殺し、自軍からも死者を出し続けることに正当性は認められません。でもその時点ではまだ、ベトナム共産主義者の反政府行動あるいは侵略行為との戦闘活動には正当な根拠があると考えていたのです。

ベトナム関与の歴史＝ペンタゴン・ペーパーズに接触

現地で肝炎にかかってしまい帰国しましたが、これを機に、ベトナムにおける政府としての意思決定の研究に加わることになりました。これがのちにペンタゴン・ペーパーズとして知られるようになるものです。研究に従事するなかで、多くの機密資料に目を通しましたが、すべて最高機密に属するものでした。一九六九年には、ベトナムへの関与がはじまった初期以来の論評類を読みはじめ、この戦争がそもそもの始まりから正当化しがたいものであったと実感するようになりました。発端は、私を含めてほとんどのアメリカ人が理解しているよりもずっと過去にさかのぼるものでした。

私が参画したマクナマラ研究の表題は、「ベトナムにおける合衆国の意思決定　一九四五―六八」ですが、研究が終了したときも、戦争はまだ終わっていませんでした。

すでに一九四五年の時点で政府がベトナムにかんする意思決定をくだしていたことを知る者などほとんどいませんでした。私も知りませんでした。かつての植民地支配を軍隊の派遣によって再建しようとするフランスの試みを、ごく初期の段階から支援していたことがわかりました。ベトナムは一九四五年の夏に独立を宣言しましたが、フランスはアメリカの支援のもとに、インドシナ半島における支配権を回復しようと躍起になっていました。

一九五〇年代前半までに、フランスの戦闘行為に要した費用の八〇パーセントをアメリカが負担していました。したがってベトナムの人々が見抜いていたように、フランスとアメリカが連合してベトナム独立に敵対した戦争であり、フランス単独の戦争ではありませんでした。私が現地で知りえたことよりもずっと深くベトナムの人々は理解していました。私の観点から見ると、アメリカにとってはごく初期の時点から理不尽な戦争だったのです。

本質的に帝国の戦争であり、新しい植民地戦争であり、加担にはいかなる正当な理由も見いだせません。私には、長年にわたって不当な殺人行為が行なわれてきたものと思われました。虐殺行為に他なりません。いついかなることがあろうとも、殺人に加担することなどあり得ませんし、これに抵抗し、これを阻止するために自分にできることを実行しなければならないと考えました。理不尽な戦争であり、公正な戦争ではありませんでした。

問題は、私になにができるかということでした。

非暴力抵抗者との出会いが人生の転機

　あれやこれや考え尽くしました。私の人生の転機となったのは、ガンディー*やマーティン・ルーサー・キング*にならって投獄をおそれずに闘う若きアメリカ人たちとの出会いでした。彼らは誠実さと非暴力主義をつらぬきながらも強硬な手段で徴兵を拒否し、戦争に抗議していました。キング牧師とガンディーの著作を読んではいましたが、その精神を行動に移し、実現しようとする人々と直接に知り合えたのです。

　彼らの行動から伝わってくるパワーを感じとり、やがて私に変化が生じ、ほかの人々にも変化をもたらすことを期待しました。私は、ガンディーやマーティン・ルーサー・キング、あるいはヘンリー・デビッド・ソロー*やトルストイ*などの非暴力の抵抗にならってみずからの転換を図り、身を危険にさらして、自己犠牲をいとわずに真実を追求する決断をしました。

　徴兵を拒否する若者たちの行動に出会うことがなかったなら、人生の残りの期間を獄中で過ごすことも覚悟のうえで、私がなんらかの行動をおこすことはなかったでしょう。投獄される若者たちの姿を見て、私は自分に問いかけました。

「投獄の覚悟はできた。戦争を終結させるために、私になにができるのか?」

　私が思いついた行動のひとつが、戦争史を研究するなかで知った七〇〇〇頁におよぶ最高機密文書を明るみにだすことでした。一九六九年のことで、研究は前年までの分でしたから、これで戦争を終わらせる可能性が高いとは考えていませんでした。

　当時の大統領であるリチャード・ニクソン*は、ベトナム戦争に関与した大統領の五代目*にあたります。これまでの大統領と同様、戦争の実態について国民を嘘でごまかし、戦線拡大の脅威を秘密にしていました。しかし、国内ではともかく、実際に危険にさらされているベトナムの民衆には隠しようもありません。さらにニクソンの場合には、核兵器を実際に使用する怖れが強かったのです。

　私の人生に与えられた最大の使命は、広島と長崎に次ぐ核兵器のさらなる使用を阻むことにつきると言えましょう。私の見通しでは、ベトナム戦争が拡大の一途をたどるなかで核兵器が使われる可能性もありました。詳細はわかりませんが、ニクソンが一九六九年以降、核による威嚇の段階に踏みこんでいるのではないかと疑念をもっていました。この威嚇の実行を思いとどまらせ

＊マハトマ・ガンディー　（一八六九－一九四八）。インドの民族運動指導者。不服従の非暴力的抵抗により自治拡大、独立を実現。熱狂的なヒンドゥー主義者により暗殺された。

＊マーティン・ルーサー・キング　（一九二九－六八）。アメリカの黒人公民権運動の指導者。牧師でもあり、非暴力の直接行動を訴えた。ノーベル平和賞受賞（六四）。大衆集会の場で凶弾に倒れた。

＊ヘンリー・デビッド・ソロー　（一八一七－六二）。アメリカの作家、思想家。個人の良心にもとづく不服従を説き、無政府主義の立場を主張した。

＊レフ・トルストイ　（一八二八－一九一〇）。帝政期ロシアの作家、思想家。体制批判を展開したが、暴力行動を一貫して認めなかった。既存秩序への非協力をさらに積極化し、軍役を含む公職勤務、納税などの拒否を主張した。

＊リチャード・ニクソン　（一九一三－九四）。合衆国第三七代大統領（六九－七四）。パリ協定（七三）によりベトナム戦争終結を宣言。アイゼンハワー政権の副大統領（五三－六一）。

＊五代目の大統領　トルーマン－アイゼンハワー－ケネディ－ジョンソン－ニクソン。

たのはアメリカ国内の抗議行動でした。当の抗議する人々は知るよしもなかったでしょうが、その行動こそが阻止する力になっていたのです。

II　ペンタゴン・ペーパーズを暴露する

新聞発行に差止命令

一九六九年に、私はペンタゴン・ペーパーズ（四七巻・七〇〇〇頁におよぶ最高機密の研究論文）のコピーを上院外交委員会の委員長をつとめていたフルブライト上院議員に渡しました。彼は公聴会でこの文書を公表することを約束しましたが、政治的リスクの大きさに怖気づいて手を引いてしまいました。マサイアス上院議員やマクガバン上院議員など数人の議員も同様でした。公開に同意していながら、あまりのリスクの大きさを考えて、態度を変えてしまったのです。

一九七一年に、私が『ニューヨークタイムズ』に資料を提供すると、裁判所から禁止命令が出されました。アメリカ史上で初めて、事前抑制と差止命令によって新聞の発行が妨害されたのです。合衆国憲法修正第一条*は本来、こうした差止命令を阻むためにつくられたものです。

ともかく一時的緊急差止命令が出て、私にも逮捕状が出そうな気配でした。私は妻とともに、

＊**合衆国憲法修正第一条**　一七八八年発効の合衆国憲法に対し、連邦政府の専制を予防する観点から、その権限を制約する修正条項を連邦議会の議決により付加した。第一条（一七九一年に成立）は、宗教信仰、言論、出版および集会の自由ならびに政府への請願権を認めたもの。

マサチューセッツ州のケンブリッジに身を隠して、ペンタゴン・ペーパーズの残りの部分を公開する準備にかかりました。引きうける用意があればどの新聞でもかまいませんでした。『ワシントンポスト』が名乗りでましたが、またしても差止命令が出て、最終的には新聞四紙に命令が出されました。

しかし多くの新聞社が、国家の安全を脅かし回復不能な危害をおよぼす、との大統領声明を無視して、発行を継続しました。連邦捜査局(FBI)の捜査網をかわしながら、コピーの束を渡していましたが、どの新聞社も自分の目で資料を読み、社会全体が知るに価する情報であることを理解したはずです。我が国の歴史そのものが書かれていました。そうであるがゆえに、政府によって理不尽にも差し止められたのです。

それは、いかなる国の歴史も経験したことのない、最大級の集団的な市民的不服従の行動でした。しかも数々の名の通った報道機関によるものです。私の知るかぎり類例はありません。最終的には一九紙にのぼる新聞が、掲載継続は反逆的行為でありただちに停止すべし、と主張する司法長官ならびに大統領に反抗したのです。

結局、最高裁判所は、政府側の主張には憲法修正第一条の適用を除外するに足る根拠がなく、新聞の発行継続を可とする決定をくだしました。しかし私自身は、一二にのぼる連邦法の重罪に抵触し、累計一一五年の刑期に相当するとして起訴されました。一〇年の刑期が一一件、これに共同謀議の五年が加算された数字です。政府機関の機密事項を広く社会に漏洩した者にたいするアメリカで最初の訴追でした。機密漏洩はいつの時代にもありましたが、いずれも匿名によるもので、犯罪として訴追されたのは私が初めてです。その理由は、司法省がこうした訴追行為が「言論と出版の自由を保障する」憲法修正第一条に抵触する、という理解をそれまで通してきたからです。

訴追にあたってスパイ活動法などの法を適用することは、憲法修正第一条に真っ向から対立するものです。ですから、私が第一号となるまで訴追例がありませんでした。私の一〇年後にもう一件の例があり、陪審により有罪と判定されたものの、最高裁による審理にはいたりませんでした。さらに一五年ほど後に、三番目の訴追がありましたが、最終的には撤回されました。つまり、オバマ大統領以前には三件の訴追例があったわけです。

オバマ大統領は就任に際して、これまでにないような透明性のある施政を約束し、とりわけ民主主義に欠かせないものとして内部告発を奨励する姿勢をとりました。ところが、スパイ活動法を適用した九件にのぼる情報漏洩者への訴追手続きをすすめました。つまり以前の大統領による三回の訴訟の三倍です。要するに、国家機密法を制定するよう日本に圧力をかけていたアメリカ政府は日本の良き先導者ではありませんでした。オバマ大統領は公開性・透明性についての選挙運動中の公約を完全に破棄したのです。

公表はしたものの……

先ほども言ったように一九六八年で終わっているペンタゴン・ペーパーズを翌年に、最終的には一九七一年に公表した際の私の願いは、リチャード・ニクソンの政策にかんする私の発言の真実性を人々に納得してもらうことでした。嘘でごまかしながら戦争を拡大してきた四人の大統領のやりかたを踏襲している、というのが私の主張でした。戦争を終わらせるための手段をすべて試みるとニクソンは発言していましたが、真実でないことは明白でした。戦争を継続し、拡大することで破滅的な方向をたどっていると確信していましたが、このことを立証する資料がなかったのです。大統領が四人の前任者と同様にふるまっていることを国民の皆さんに理解してほしいと願ったのですが、かないませんでした。

進行中の歴史は、人々に誤った戦争という強い印象をもたらしました。国民はすでに見抜いていたのです。ニクソンについての見方に大きな変化がないなかで、国民の考えにはおかまいなしに、戦争は継続されました。ペンタゴン・ペーパーズを私が公表しても、ニクソンの政策にはいかなる変更も及ぼしませんでした。世論はともかく、政策はなんの影響もうけなかったのです。

アメリカ国民には、現職の大統領は国民をあざむいていないと信じたがる傾向が根強くあります。四代にわたる大統領の嘘をしめす証拠さえ真実性のあかしとは見ないのです。かくして、戦争は続きました。一九七二年には、北ベトナムの攻勢にともない戦線は一段と拡大しました。私が裁判にかけられたのはこの前の年ですが、年が明けると爆撃はかつてないほどの規模になり、その年末にはクリスマス爆撃まで実行されました。先ほども言いましたように、この期間、ニクソンは核による威嚇を準備していたのです。

違法行為を重ねて辞任に追いこまれたニクソン

ところが、ニクソンは、漏洩を恐れるいくつかの秘密を抱えていました。

まず第一の秘密は、彼がこの戦争に託した真の狙いです。それは、一九七六年までの大統領二期目の任期が終わるまで、軍人出身の「グエン・バン・」チュー大統領が率いるサイゴンの傀儡《かいらい》政権を維持するために戦争を継続することでした。国民は知るよしもありません。私もこのことを立証できずにいました。

第二の秘密。ニクソンは核の脅迫を準備していました。絶対的な確信はありませんでしたが、私はその疑念をもっていました。立証する文書類が私の手元にあるのではないかとニクソンは怖れていましたが、入手はしていませんでした。北ベトナムにむけた核の計画にニクソンが取りくんでいることを知る政権内部の人々は、一九七〇年当時は、カンボジアへの空爆拡大にかかりきりでした。核の準備を立証する資料が政権周辺から私の手に渡っていることをニクソンは危惧していたのです。期待はしていましたが、漏洩はありませんでした。政権内部の一員だったロジャー・モリスは後に、発言しています。「われわれは書類保管庫をさっと開いて、血なまぐさい殺害に驚きの声をあげるべきでした。そうとしか言いようのない実態でした」。でも現実には、そうはしなかったのです。ところが、ニクソンは私がそうした資料を手にしているのではないかと怖れていました。それだけの理由があったのです。

第三の秘密。ニクソンは犯罪的手段をつかって、私がなにを知っているのか突きとめようとしていました。正当な理由なく電話盗聴装置をしかけて、私の行動をすべて監視していたのです。違法な行為であり、明白に憲法に違反しています。当時の私は知りようもありませんが、ニクソンは盗聴に手を染めることによって、さらなる秘密を抱えこみました。

結局、ニクソンは私の口を封じるためにさまざまな悪事を働いて、私に脅しをかけました。ホワイトハウスの意向をうけたCIA（中央情報局）関係者数名を、私が以前通っていた精神分析医の診察室に不法侵入させ、私が知られたくない情報を手に入れて、口封じの脅迫材料に使おうとさえしたのです。でも、そんなものは見つけられませんでした。挙句のはてに一九七二年五月三日の集会中、国会議事堂の階段上で「私の身体能力を無力化させる」ために同じメンバーを送りこんできました。後に、民主党に不都合な情報を入手しようとして、ウォーターゲートビルで捕らえられた面々です。

私をおとしいれるために行なわれたさまざま犯罪行為――主治医の診察室への不法侵入、電話の盗聴、再起不能な体にしようとする試み――を明らかにする気運が高まりました。さらには、CIAによる私の心理学的プロファイル資料の存在も明らかになりました。一般市民を対象とする令状なしの違法な捜査です。CIAは、こうした犯罪的行為のすべてに関与していたのです。

ニクソンは口封じのために賄賂を贈り、大陪審の場で偽証の陳述をさせるところまで追いこまれました。これがニクソンによる司法妨害という新たな犯罪であることは言うまでもありません。結局、実行者のひとりであるジョン・ディーン［大統領の法律顧問］が、自分の罪状を大陪審、後には連邦議会上院で洗いざらい証言するに至りました。ニクソンは弾劾される窮地に追いこまれ、辞任せざるを得ませんでした。

もし、ニクソンが大統領を辞任しなかったら、戦争は終わらなかったことでしょう。一九七四年以降も戦争は継続されていたに違いありません。彼が大統領の座にとどまっていたら、七五年どころか七七年まで戦争は続いたはずです。不法な戦争について彼が抱える秘密――戦線を拡大した目的と手段――の漏洩を防ぐために私にしかけた犯罪の数々が発覚して、ニクソンは引きずりおろされ、戦争の終わりが見えてきたのです。

なにができるのか、真実を伝えることによってなにを果たせるのかを自分に問い、ニクソンを違法な監視行為に追いこむほどにおびえさせ、戦争のゆくえにも実際の影響を及ぼすことと答える、これがいまお話ししている議論の核心です。もしニクソンによる私への犯罪行為がなかったなら、あるいは私がいずれ人々にむかって話しだすことをニクソンが怖れなかったなら、ペンタゴン・ペーパーズもあれほどの効果を及ぼさなかったはずです。

実際のところ、さほどの期待をもったり、大きな見込みを立てたりはしていませんでした。いくぶんかの影響を及ぼすかもしれないし、結果として投獄される危険性もある、といった程度に考えていたのです。結局、のべ三〇〇万人にのぼる人々が戦争の意義を信じてベトナムに行き、時の政権のために身を危険にさらしました。私もそのひとりです。いろいろなことを知るにつれ、投獄の危険を冒すのは当然のことと思えました。私になすりつけられた罪状によって処刑されることもありえると覚悟しました。真実を知った以上、戦争の終結を早めることは十分な価値があると思いました。

戦争に抗議するアメリカ国民のお手本とも言える存在が、私の決断を後押ししてくれたのです。

Ⅲ　隠然たる帝国・アメリカ――日本への核持ちこみ

傀儡政権による海外支配

アメリカ政府は不当な戦争、犯罪的な戦争を遂行する力をもっているだけではありません。その戦争について嘘をつき、戦争の実態を暴露しようとする人々を追跡し、訴追する力までもっていることを私は思い知りました。なぜ政府はこんなことをしたのでしょうか？　前にも言ったように、本質的には帝国としてふるまっているということです。私はアメリカを隠然たる帝国と考えています。「隠然」という言葉は、単に秘密性だけでなく、もっともらしく否認することを指しています。隠然たる軍事行動は、国、とりわけ大統領による口先の否定があらかじめ仕組まれていて、代理人によって実行され、暗殺や軍事力の先行、贈収賄、出所不明の作り話といった隠密の手段が総動員されます。他の勢力による行動だと公言し、いかなる場合にも「大統領は関与していない」と言い張るのです。

こんなやり方で帝国を運営しているのです。かつての大英帝国によるインド支配のような公然たる統治ではなく、アメリカの利害と一心同体の現地出身者による傀儡《かいらい》や代理人の政権が使われます。たいていは隠然として、もっともらしく否定される手段――賄賂や威嚇、さらに多くの場合、暗殺や軍事クーデター、具体的には訓練も装備も総じてアメリカ頼みの軍隊による政変劇

──によって、傀儡政権は権力の座についています。中南米諸国などの地域で、アメリカは代理人をけしかけて自分に不都合な政権を転覆しています。かつての植民地地域である第三世界では、顕著にみられる事実です。

これは私が教えられてきたこととは異なるものです。アメリカは世界最大の大英帝国を相手とする国民的解放闘争のなかから政府を樹立したのであり、世界のいかなる地域にあっても帝国に反対し、民主主義を信奉する国家である、と教えられて育ちました。帝国主義は、アメリカ本来の方向性ではなく、合衆国憲法に反し、民主主義にかなうものでもない、と私は考えました。

ところが、かつての植民地地域、いわゆる開発途上地域、第三世界ではまったく様相が一変し、アメリカの国益にかなう地域にかぎって民主主義を支援するのです。国益に反する場合、ほとんどがこれに該当しますが、アメリカ企業の目的に忠実なさまざまな傾向の右翼的独裁政権や軍事的独裁者が支援対象になっています。この実態を知って私はひどく幻滅しました。言葉では言いあらわせないほどです。

くり返される不法な侵略と歴史の偽造

私が海兵隊に入ったのは、北朝鮮の韓国への侵攻に反撃する戦いを支持できると考えたからです。分断国家であるにもかかわらず(ある程度はアメリカの決定によるものです)、北朝鮮が三八度線をこえて侵入しているように思えたのです。

しかし、アメリカが不法な戦争を先導したベトナムや、国連憲章違反があまりに明白で安全保障理事会の支持を得られず、正当防衛とはいえないイラクの事例を知ると、幻滅感が深まりました。イラク戦争は、一九七九年にアフガニスタンに侵入したソ連、一九三〇年代から四〇年代に多くのアジア諸国に侵入した日本とまったく同様の侵略行為でした。

一〇代前半の頃は、侵略行為こそ最大の犯罪と考えていました。当時、大量虐殺《ジェノサイド》についてはよく知られていませんでしたが、中国における日本軍の行為が大量虐殺だったことは歴然としています。日本軍に殺害された人々の数についてはさまざまな論議があり、およそ一五〇〇万人とか一七〇〇万人あるいはそれ以上の数字もあげられています。中国では、三〇〇〇万人という数字も言われています。少ない方の数字でさえ、侵略行為どころか、大量虐殺の定義に該当することは言うまでもありません。

二〇〇三年のイラクにおける軍事行動を、現時点で明白な侵略行為と考えるかどうか、アメリカ国内の世論調査で問うと仮定しましょう。定かではありませんが、完全な侵略と答える人は非常に少数で、一〇パーセント程度でしょう。大多数が、正当なものではなかったと答えるものと思われます。しかし、具体的に言えば、失敗に終わった戦争であり、無用な戦争でした。

まぎれもない事実にもかかわらず、人々は犯罪的な戦争と理解してはいません。こういった歴史にかんする無知は、政府によって助長されます。政府は、同様の侵略にふたたび手を染めて、領土を拡大し、政権の利益に合致するなら同意などなくても他国を支配しようと狙っているのです。政府は帝国の要求に奉仕するものであり、偽りの歴史と秘密主義は総じて、帝国についてまわるものと私は見ています。こうした秘密主義と歴史の偽造への傾斜は、帝国的な利害関係を復活しようとする野心をほぼ忠実に反映するものです。本来、この種の秘密主義を必要としないはずの通商関係や文化面での交流にも見られます。

核戦争の脅威

私が重大なことと考えている問題に、話を進めましょう。日本でいま起きている事態についてです。従軍慰安婦やさらにはより深刻な過去の軍事侵略など多くの事例で、歴史に逆行する動きが見られます。決して日本だけのことではありません、アメリカ政府も同じと言えましょう。

一九七一年に私が明るみに出したベトナムにかんする政府の意思決定の変遷は、二〇一一年まで機密扱いを解かれずにいました。機密指定から五〇年経過して、ようやく解除されたのです。私が公開した後も、これほどの長期にわたって国家機密にしておく必要があったのでしょうか？非公開を続けた理由は、政府による帝国主義政策の継続が明るみに出て、他の帝国とさして変わりのないことが明らかになってしまうからです。

ベトナム戦争以降、日本はアメリカと一体的に行動することでＮＡＴＯ諸国と同様に、先制的な核攻撃をちらつかせるアメリカの政策に加担してきました。

私が核戦争計画を作成していた当時、個人的には、その仕事がソ連による核攻撃の抑止に直結することを確信していました。計画の主旨は最初の反撃であり、報復と拡大防止でしたから、正当なものと思えました。同様のことをいま想定しても、正当なものと言うはずです。実行を前提とする計画を作成していたわけではありませんが、核攻撃に対する報復計画の策定自体は正当なものと思われます。しかし、六億人の人々を殺害するとなれば、疑問が生じます。決して正当性などありません。

私が作成に関与していたのは本質的に核の先制攻撃計画であるという事実を、もちろん当時は知らずにいました。その頃、ソ連は四基のＩＣＢＭを保有していましたが、先制攻撃する能力はありませんでした。アメリカは一五〇〇機の戦略爆撃機、一〇〇〇機の戦術爆撃機を保有し、その一部を沖縄の嘉手納、日本本土および韓国に配備していました。ソ連が北米大陸まで飛行できる爆撃機を一九二機もっていたときに、アメリカには四〇基のＩＣＢＭがあり、さらに増産中でした。そのうえ、潜水艦から発射するポラリス弾道ミサイルが一二〇基ありました。つまり、保有量では一〇対一以上の優位に立っていたのです。

ですから、私がなにも知らずに熱中していたのは、本質的には先制攻撃にほかならない計画の策定ですが、「抑止策」として言及されていたわけです。いったい、なにを抑止するのか？　ソ連・中国の国境域をふくめ、世界を支配する覇権主義的な影響力を維持しようとするアメリカの試みに対する武力抵抗闘争の抑止です。いうまでもなくＮＡＴＯの設立は、西ベルリン、あるいは西ヨーロッパや西ドイツが攻撃された場合に核戦争に踏みこむという想定に基づくものでした。

信じがたいようなことをお話しします、ぜひ記憶にとどめてください。ソ連がベルリンを占領した場合には、ソ連だけに限定せず、中国のいずれの都市も攻撃対象とする、これがアイゼンハワー指揮のもとに策定された計画でした。空爆が開始されれば、その一部は日本の基地を使用して行なわれたことでしょう。

アメリカの艦船には核が搭載されていた

具体的に詳しく説明しましょう。

当時はきわめて高度な機密事項とされていたことです。原則として、日本政府の合意なしに、アメリカが日本国内の基地に核兵器を持ちこむことはできませんでした。すでにお話ししたように、岩国の沖合には常時、核を搭載した艦船が停泊していましたし、日本の基地に寄港するいずれの艦船にも核兵器が装備されていました。つまり、日本の寄港先はすべてソ連の攻撃対象になっていたのです。他にも日本各地に基地がありましたが、私の知る限りでは核兵器は配備されていませんでした。その理由については推測の域を出ませんが、日本の陸上に核があったとは当時も今も思えません。私が知っていることをお話ししました。

アメリカ軍は、重大な警戒情報が発せられた場合に、多分、嘉手納だと思いますが、沖縄の基地から日本本土の基地に核を移送する計画をもっていました。つまり、戦争勃発の可能性が高い警報が出た場合です。具体的には、戦術面での警報やレーダー警報などです。誤認や間違った推測にもとづく警報によって、戦争の瀬戸際までいく可能性は十分にあります。しかしいったん警報が発せられれば、日本政府の認識なり同意なしに、沖縄から日本本土の基地に核兵器が移送される段取りになっていたのです。警報の誤りが判明しても、持ちこまれた核兵器はそのまま本土に残されてしまいます。

これは機密扱いの計画でした。暗号名《コードネーム》は、「クイックストライク」、いやそれは別のケースで使われた名称でしたね、確か「ハイポイント」です。いずれにせよ、ひと昔前の一九六〇年のことです。こうした態勢がいつまで続いたのか、あるいは実行されたのか、日本政府にこの計画が知らされていたのか、私にはわかりません。

核兵器が国内に持ちこまれ、岩国の沖合に停泊し、さまざまな港に移送されたことがすべて日本政府に知られていたのは確かです。両政府間の合意事項とされるものに違反していました。最悪の事態は、かならずしもアジアとは限らない他の地域で勃発した在来型の核を使わない戦争が、歯止めがきかずに核戦争にまで拡大した場合、日本がこうした一連の計画に巻きこまれた可能性があったということです。億単位の人々を殺害する凶悪な計画が、現実に存在したのです。

日本がアメリカと密接な関係をむすぶ理由は非常に強固なものであり、今も変わりありません。お互いの利害関係は緊密です。とはいえアメリカはこうした計画や政策をもつべきではありませんでした。限定戦争あるいは全面戦争に対処する極秘の核計画が現実に存在したのです。いかなる政府も実行の準備にかかるべき計画ではありませんでした。ところが、NATO加盟国はいずれも参画する態勢にあったのです。日本も同様でした。今日まで、本質的にはこうした政策・計画が続いてきました。

言うまでもありませんが、日本が仮にこうした計画に異議を唱えれば、アメリカへの批判とみなされて同盟関係を損なう、あるいは断たれることを意味しました。西ヨーロッパ諸国と同様です。両国の利害関係は緊密ですから、影響が相当重大なものになることも明らかでした。したがって、核の脅威と核戦争に反対する運動の先頭に立つべき日本が、そうした立場を選ばないし、選ぶこともできないという状況でした。同盟国に依存する日本には批判などできないのです。私は断言しますが、無謀で無責任かつ犯罪的な計画、凶悪としか言いようのない計画が現実にあったのです。

いいですか、侵略計画ではありません、世界を支配する計画でもないし、第二次世界大戦における日本やナチス・ドイツのような領土拡張の計画でもありません。ドイツから南ベトナムにいたるまで、さらには太平洋全域ならびに西ヨーロッパ東部における支配圏を維持するための計画でした。ベトナムのような国内の抵抗運動には武力で敵対してでも維持しようとする計画でした。軍事力が不十分な場合には、核攻撃の開始によって勢力圏を維持しようとするものでした。

「核の冬」という現象の発見

私が言いたいのは、核戦争、それもソ連との全面的な核戦争に発展した可能性があった、ということです。こうした戦争の現実的な可能性に関連して一点、付け加えさせてください。なによりも強調したいのは、統合参謀本部が一九六一年に算定し、大統領にも示されていた死者六億人という数字が、当時の現実的な波及効果にかんする理論的推定によっても、かなりの過小評価とされたことです。

火災による延焼が検討対象から除外されていました。しかし、これこそ、核融合爆弾（水素爆弾）の使用がもたらす主たる災難に他なりません。水爆がひきおこす最大の影響作用は高熱です。統合参謀本部は、計算が困難をきわめるという理由で、火災による死者を犠牲者数に算入しませんでした。気象条件や風の吹き具合、さらには可燃物の総量に左右されるとして、除外したのです。火災を計算に含めたわれわれの推定によると、死傷者数は少なくとも当時の世界人口約三〇億人のうち一〇億人にのぼりました。

ところが、この数字も被災状況の全体を表わすものではありませんでした。二〇年後の一九八三年に、科学者が「核の冬」という現象を発見しました。アメリカ軍の空爆――おそらく、総量一億五〇〇〇万トンにのぼる核爆弾――で炎上する都市から立ち昇る煤煙が核爆発による旋風で巻き上げられて、地球をとりまく成層圏にまで到達し、地球全体を覆いつくして太陽の光を遮断してしまうというのです。さらに、煤煙が成層圏に達すると――二〇〇七年以降の新しい研究によって知られるようになったのですが――、太陽光で熱せられて、地球を覆ったまま膨張し、一〇年あるいはそれ以上の期間にわたって停滞し、その結果収穫物は全滅してしまいます。

湖沼や河川は凍結します。まさに核の冬です。そこまでいかなくても、太陽光の七割が遮断される結果、農作物や植生は壊滅状態になります。地球上に生息するものがほぼ一年以内に飢餓状態になり、備給品や貯蔵物資もやがて底をつきます。巨大な備蓄量を誇るアメリカは、他の国々よりは長くもちこたえるかも知れません(ただしこれも、ソ連からの報復攻撃を無視しての話です。いずれにせよ、絶滅は避けられません)。日本は食料品の多くを輸入に頼っていますから、飢餓の進行が速まるのではないでしょうか。一年もたたないうちに、全員が餓死に追いこまれます。

「世界破滅装置」としての水爆

ソ連に対するアメリカの攻撃（あるいはその逆）は、ランド研究所の同僚だったハーマン・カーン*が「世界破滅装置」と名づけたものを現実化します。地球上の進化した生命体を根絶するシステムです。

ほぼすべての人類だけでなく、さまざまな動物も霊長類や脊椎動物にいたるまで、植生の全滅によって死に追いやられます。完全に死に絶えるのです。人類は適応性が高く、衣類を確保し、火をおこし、シェルターに入るなどして、なんとか命をつなぐでしょう。地球上のあちらこちらの海岸域で、さまざまな軟体動物や魚類を食料にして集団単位で生き延びる可能性もあります。ただし、全人類の一パーセントに満たない程度で、九九パーセントはおそらく死に絶え、他の動物はほぼすべて死滅します。

これが、アメリカの核戦争計画に盛りこまれた大規模攻撃を実行に移した場合に起きる事態です。

一九六〇年当時の嘉手納について言いましたように、核兵器は常時警戒態勢にあり、数分で発進する準備ができていたことは、いまも変わりありません。実際に誤った警報が発せられて、爆撃機が滑走路から飛び立った事例を聞いたことがあります。もし滑走路に小さな落下物があった

＊**ハーマン・カーン**　（一九二二―八三）。一九四七年にランド研究所に入り、核兵器の設計・核戦略の研究に従事する。未来学者としても知られる。

り、別の衝撃が加わったりすれば、爆発が起きた可能性があります。近隣の住民は戦争が始まったと思いこむはずです。

たとえ警報が間違ったものであっても、爆撃機は攻撃目標にむけて飛び立つのです。危機的事態そのものとしか言いようがありませんが、いまも完全に解消されたわけではありません。

言うまでもありませんが、世界は主要国にたいして、これが耐えがたい状況であり、受け入れられない、変えなければならないと表明しなければなりません。アメリカとロシアに国際的圧力をかけるのです。このような道を日本は進むべきではない、と私は断言します。広島の追悼式典に参加するために日本を訪れる都度、日本の人々が世界の先頭に立つことを願ってきました。

このことが重大な意味をもつようになったのは、広島や長崎だけでなく、一九五四年に第五福竜丸が被曝して以降のことです。これを機に、放射性降下物の意味するものが明らかになり、水爆、すなわち核融合爆弾の途方もない危険性が人々に知れわたったのです。日本の人々は実際に世界的規模の反核運動を立ち上げましたが、時が経てば忘れられがちです。

日本の皆さんが難問《ジレンマ》を抱えていることは、よくわかります。日本でいつも聞かされるのは、日本政府は核の問題に限らずアメリカとの関係を断とうとしないが、そこには根強い動機があるのだ、ということでした。こうした見解の正否は私には判断できませんが、一方では、こんな意見も耳に入りました。「アメリカとの密接な関係がなくなれば、歴史の書きかえを望む日本の軍国主義者、右翼、ナショナリストが勢力を拡大するだろう。核兵器をともなうアメリカの支援がなくなった場合、日本社会は現状よりも危険性が増大し、権威主義的な性格を帯びるに違いない」。

こうした意見が真実であるのか、それともそれ自体が危険な言説であるのか、判断する力は私にはありませんし、特に言うことはありません。いずれにせよ、こうした議論が私の耳に入るのは事実です。それでもなお、国家主義的信念の代償は大きなものがあると言わねばなりません。

憲法第九条の理念は世界を鼓舞する

核物質の存在ならびに科学／技術面の能力から見ると、日本が核保有国になることは容易であり、あまり時間も要しませんが、そのことが引き起こす最悪の影響は、核兵器に真っ向から反対する力強い声の高まりが閉ざされることです。そうした声が果たす潜在的な役割は今日まで変わることなく健在です。

ここで憲法第九条について、お話しします。いずれ直面するこの問題については、実にさまざまな議論が交わされています。私は、第九条の変更など考えるだけでも嫌です。第九条こそ、非暴力の理念を全世界に知らしめる模範と考えているからです。平和国家でないどころか、核の超大国であり、隠然たる帝国としての存在があまりにも明白なアメリカとの密接な関係によって、非暴力の理念は価値を切り下げられ、弱体化される一方だったと言わなければなりません。

私がこの問題に重ねて言及するのは、軍事的拡大の意図という観点だけでなく、中南米、インドネシアをはじめとする多くの国々や西ヨーロッパ、日本にたいする支配を継続しようとするアメリカの決意を重視するからです。

冷戦期の国際関係を改めて考える

話をもどして、冷戦体制、その日本との関連を、現時点で私がどう理解しているかについてお話しします。私には目新しいテーマです。

冷戦の重要な側面のひとつは、日本が中国との密接な経済的関係を発展させないことにあったと思います。通商や投資の関係、外交さらには文化面での中国との関係構築を阻害したのです。そのかわりに、日本が西側世界に強く依存し、アメリカの保護国になるように誘導する、というのがアメリカの望みでした。なにから守るというのでしょう？　私はひとりの冷戦闘士として、中国からの防衛を意図するものとずっと考えていました。いまでは、経済やさまざまの領域で中国と密接に関係しないよう日本を引き離しておき、代わりにアメリカとの関係を強固にさせる意図があったのではないかと考えています。

似たような言い方で、私が政府内の要職についていたときとは正反対の理解ですが、冷戦期におけるアメリカの主たる関心事は、西ドイツが経済などの面で東ヨーロッパやソ連との関係を深めないよう引き離しておくことにあったのではないか、といまでは考えています。資源や通商の面でソ連への依存を深めることを嫌ったのです。そうした意味において冷戦は必然的なものであり、ソ連の軍事的脅威を大々的に誇張することも伴いました。

最後にもう一点。私の理解では、大変重要なことです。一九六一年に戦争態勢を構想するなかで死者六億人という数字に直面したとき、戦慄すると同時に不可解な思いにもとらわれました。当時、私は政府内の最高機密のいくつかに関与する立場にありました。若輩者でしたが、信任を得て、高度の機密事項に接触していました。国家政策のありかたについて批判的な意識をもちはじめていたことを考慮すると、それほどまでに信任されていたのはなぜかと理由を問われるかもしれません。その答えは、私が熱烈な冷戦の闘士だったことにあると思います。誰もが知る反共主義者でした。ソ連の共産主義的統治に慄然とする思いは、いまも変わりませんが、その勢力が拡大することを非常に懸念していたのです。

とはいえ、一〇億人の生命を奪ってまでソ連共産主義に対抗するという考え方には、冷戦の闘士である私も驚愕しました。こうした反応は当然のように思えますから、疑問が生じます。実態を知る比較的少数のアメリカ国民の間で、認識が共有されないのはなぜなのか？　どうすれば、こうした実態が広く知られるようになるのか？

アメリカ軍の空爆能力

半世紀あまりをかけて思案した末にたどりついた私の理解をお話ししましょう。

アメリカが核兵器に長年にわたり関与してきたことを正確に理解するためには、第二次世界大戦における戦略的爆撃指針、それにもとづく焼夷弾作戦——とりわけ日本で多用された——を知ることが不可欠だと思います。ドイツへの爆撃は、イギリス軍司令部による爆撃とはやや異なる様相で開始されました。イギリス軍は初期段階から、焼夷弾による夜間の都市攻撃を実施しましたが、その理由は航空機に高空飛行能力が不足していたことにありました。昼光のもとでアメリカ陸軍航空隊が実行していた工場地帯への「精密爆撃」が不可能だったのです。

真珠湾攻撃を機に開戦してから数か月後の一九四二年二月、イギリスはドイツの諸都市を標的に、焼夷弾を使った夜間の空爆を開始しました。都市を対象としたのは、夜間のほうが都市全体の識別が容易という理由からです。ただし、都市全域の壊滅はできませんから、どうしても住宅が密集している労働者居住地域が空爆対象になり、火の回りも早いのです。数週間後には、「赤ん坊まで殺している、これは軍事行動ではない、犯罪だ、最悪の行為だ」とアメリカから警告が発せられました。

アメリカ軍は、工場や基地に対象を限定し、精度の高い爆撃を高空から日中に実行していました。しかし結局は、その爆撃も精度を欠いていることがわかりました。いずれにせよ、イギリスの夜間爆撃と行動をともにするようになり、悪天候の厚い雲をとおした無差別のレーダー攻撃が行なわれたのです。

私の知る限り、都市への空撃が最初に行なわれたのは、一九三二年の日本軍による上海攻撃でした。あまり知られていない戦闘行動でしたが、どうしてそのことを知ったのか説明します。ご存じのとおり、日本軍は一九三〇年代後半にも上海を空爆しました。当時ドイツは、スペインのゲルニカに続いて、ワルシャワやロッテルダムを爆撃し、さらにロンドン大空襲を敢行していました。

われわれはそれらの爆撃を犯罪的で好戦的なものであり、人間性の原則に反し、戦争行為を逸脱したものとみなしました。これがナチスあるいは日本軍の戦術でした。やがてイギリスやアメリカもこの戦術を採用しました。

最近［二〇一六年］、一九四五年二月の火災旋風を主題としてドレスデンで講演する機会がありました。このドレスデン爆撃によって、およそ二万五〇〇〇人が焼死あるいは窒息死したのです（これまでもっと多くの死者数が引用されていましたが、市当局による最新の数字です）。

東京大空襲で発生した「火災旋風」のすさまじさ

この問題できわめて重要なことを説明させてください。

「火災旋風」はめったに発生しない大火災です。広域にわたり多数の火災が同時に起きることが前提条件です。多くの火元が一体化して大規模火災になり、熱せられた大気の上昇気流が発生します。地表は真空にちかい状態となって、周辺のあらゆるものが強風に巻きこまれます。嵐のような状態となり、吹き荒れる強風はハリケーン並みの勢力に発達します。火災地点では上昇気流がうなり声をたて、八〇〇度を超える高熱によって周辺一帯を焼き尽くします。東京でこんなことが起きたら、壊滅的な大火災となり、地表を吹き荒れる風は超高温の火災旋風となって、ひとり残らず死んでしまうことでしょう。

イギリス、少し遅れてアメリカは、大都市爆撃の都度、火災旋風の誘発を試みました。でも実際に成功したのは、ドイツのハンブルクとドレスデンの二例だけです（ほかに小規模な例として、ダルムシュタットとカッセルがあります）。ところで、この試みにあたって先例モデルとされたのが、火災旋風によって可燃性の竹や木を素材とする東京の住居が焼き尽くされた一九二三年の関東大震災です。アメリカはすでに一九二〇年代から、火災旋風が発生する条件がそろっている東京への空爆を視野に入れていました。当時日本は事実上の同盟国であり、決して敵国ではありません。

日本を爆撃した前任の空軍トップは的中精度の高い爆撃を主張し、焼夷弾の使用には消極的でした。ところが後任のカーティス・ルメイには、焼夷弾攻撃を基本とする空爆が命じられていました。一九四五年の三月九日深夜から一〇日未明にかけて、ルメイは約三〇〇機の爆撃機を東京上空に送りこみましたが、機内空間確保と搭載重量を考慮して小型焼夷弾を優先させ、爆撃機の装備を最小限のものにとどめていました。

爆撃機を護衛艦で移送するのではなく——護衛艦を使うと全機の合流までに時間を要し、消費燃料が増える理由で——、個々に低空飛行で送りだしたのです。高空飛行にくらべて搭載燃料が少なくてすみ、その分、すべての爆撃機に高性能爆弾を搭載することができました。装備の削減と低空飛行は危険度が高く、パイロットは大いに不安を感じていました。それでもルメイは、日本軍には低空飛行が可能な航空機がなく、夜間に戦闘機を飛ばす能力もないと決めてかかり、危険な賭けに出ました。結果的に、失われた航空機は一四機にとどまり、ルメイは成功をおさめました。

前例がないほどの大量の爆弾を搭載した三〇〇機にのぼる爆撃機は、東京に火災旋風を引き起こしました。広島［への原爆投下］以前では唯一の事例です。一夜で少なくとも八万人の住民が殺害されました。死者の数についてはもっと多いという推計があり、一二万という説もあるのですが、最少でも八万人がほぼ即死状態で、五か月後に被爆した広島や長崎［の即死者数］よりも多い数字です。一二万人という数字は、広島・長崎の〔即死者の〕合計をこえるものです。

焼死にせよ窒息死にせよ、最悪の状況で人々は命を奪われました。防空壕に避難した人々は、壕内の酸素が尽きて窒息死しました。路上にいた人々は、溶けて炎を上げるアスファルトに足をとられたまま、火柱と化しました。ハリケーン並みの火災旋風は、母親の腕や背中から乳児や子どもたちを剝ぎとり、炎のなかに吹き飛ばしました。多くの人々が炎を逃れて、東京を縦横に流れている運河に向かいましたが、沸騰した水のなかで何千もの命が絶たれました。

低空を飛行する爆撃機の機内は、地表で炎上する死体の臭いが充満して呼吸が困難になり、乗員は酸素マスクを着用しました。上昇気流と化した火炎は、爆撃機としては最大級のB29の飛行も危うくし、機体は数百メートルあるいは数千メートル上空に打ち上げられたゴムボールのような状態になりました。人類史上でも最大級のテロ行為であり、政治目的のために膨大な数にのぼる市民が計画的に殺害されたのです。アメリカ政府が、史上最大規模の一日限りのテロを実行したのです（広島と長崎がこれに続きました）。

ルメイは攻撃の手をゆるめず、日本側が態勢を整える間もない翌一二日に名古屋、さらに一三日には大阪に焼夷弾を落としました。人口の密集する六四の都市が次々と爆撃されました。ただし、気象条件などの要因から、大火炎による旋風は再現されませんでした。広島以前に焼夷弾で焼き殺された日本人の数については、三〇万人から最大九〇万人までさまざまな数字があげられています。これを下回るかもしれませんが、ほぼ正確な数字でしょう。広島と長崎に落とされた二個の原子爆弾によってこの年のうちに、さらに二〇万を優に超す命が奪われました。

大量殺戮の都市爆撃は戦争犯罪

一九四五年当時、部下として働いていたロバート・マクナマラにルメイ自身が語ったように、戦争に敗北した場合には、戦争犯罪人として裁かれたことでしょう。マクナマラも自分たちの行為の犯罪性を認めています。マクナマラは原子爆弾が兵器としての限度を超えているとし、原爆投下の犯罪性を認めましたが、なにか的外れな言い方でした。戦前の判断基準に照らしても、原爆以前に使われた焼夷弾はすでに戦争犯罪に該当していたのです(計画的な爆撃にさらされ、大火災にあったドイツの六〇万市民についてもまったく同じことが言えます)。

日本のアジア侵略、とりわけ中国における大量殺戮《ジェノサイド》は明らかに犯罪です。アメリカ軍による日本の諸都市への戦略的爆撃も犯罪です。侵略行為に対抗する対日戦争を正当と考える私は、それを指して犯罪というつもりはありません。しかし、ドイツ軍や日本軍と比較してもより大量に行なわれた米英両軍による焼夷弾投下は正当化できません。不幸なことに、ニュルンベルク裁判と東京裁判のいずれにおいても告発の対象にされなかったのは、われわれ裁く側が同じことを実行していたからです。こうした適用除外によって、焼夷弾投下が犯罪に該当しないことを世界に示唆する結果になってしまいました。きわめて残念なことです。

広島と長崎への原爆投下についても同様ですが、この除外は、残念という言葉では片づけられないような重大な影響を及ぼしました。

人類の存亡にかかわる問題です。一九四五年五月から八月にかけて原爆使用の可能性が問題になると、大統領のハリー・トルーマン*は、原爆に倫理上の問題を認めないという驚くべき声明を発表しました。人々はこの声明をきわめて奇異なものとして受けとめましたが、実際には、完全に理解可能な内容だったはずです。原爆の使用は、同年の三月(広島への投下の五か月前)以降、政府が継続してきた政策の一環にすぎません。日本の一般市民をできるだけ多く、できるだけ短い時間で殺害することを可能にするものでした。

ひとつの都市を爆撃するのに在来型の兵器なら二〇〇機から三〇〇機もの爆撃機が必要になるのに、原子爆弾一個で事足りてしまうのです。実際に、アメリカは一晩で同時に飛ばせる爆撃機を三〇〇機以上保有し、次々と都市に送りだしていました。

現実に、二発の原爆を投下した後も、終戦直前の一週間、同時に一〇〇〇機の爆撃機を攻撃に向かわせました。基地に帰還する前に、予期されていた日本の降伏が伝わった事実もあります。

私が言いたいのは、一般市民を標的とすることを躊躇しない国に原爆が最初に誕生したことです。住民と都市の破壊が戦争遂行策として正当にして必要なものであり、成功への道であると信じるようになった国に、原爆は登場したのです。イギリスとアメリカだけが疑いもせずに信じこんでいました。ナチス・ドイツも――その底知れない残忍さにもかかわらず――、ソ連も、フランスも、日本もそうは考えませんでした。この二か国だけが都市空爆が戦争勝利につながる道と決

＊**ハリー・トルーマン**　(一八八四―一九七二)。合衆国第三三代大統領(四五―五三)。ルーズベルト急逝により、副大統領から昇格。原爆投下決定をふくめ第二次大戦の終戦・戦後処理を主導した。

断し、都市の爆撃には図抜けた威力を発揮する原爆を手に入れたのです。

原爆の一〇〇〇倍の威力——水爆の登場

第二次世界大戦が終わると直ちに、アメリカは次なる戦争計画に着手しましたが、核爆弾による都市空爆計画の策定は、避けようもなく必然的な選択でした。新たに登場した水爆には、原爆の一〇〇〇倍をこえる強力なものもあり、当の戦争計画に最適で、一〇倍どころか二〇倍もの死傷者数が見込まれたのです。

当時、戦争計画に関連して最高度の機密を要する仕事にたずさわっていた関係上知っていることですが、一九五〇年代の初め、つまり、熱核兵器＝水爆が配備される以前の時点で、通常兵器の戦争によって発生するソ連圏の死者は一〇〇〇万人から三〇〇〇万人と見込まれていました。恐ろしい数字ですが、第二次世界大戦の犠牲者数は六〇〇〇万人です。

長崎に落とされた原爆と同じタイプの核分裂型爆弾を、一九五〇年代末期の水爆に置きかえた場合、秘かに予測された［被爆後］二年間の犠牲者はおよそ三億人にのぼり、その後さらにその倍の数字になりました。ほとんど誰も想像しようのない、つかみどころのない数字です。われわれがいま論じていることは、人間の想像力による理解をこえています。現在もこうした状況になんの変わりもありません。

アメリカは非常に危険な国になってしまいました。ヒトラーのドイツや東條［英機］に率いられた日本が原爆を手にしていたなら、危険性はさらに増したことでしょう。というのも、かれらの野心は軍事侵略によって世界の半分を支配することにあったからです。アメリカの野心は、そうした性格のものではありません(幸いなことに一九四五年以降、冷戦期の情報戦《プロパガンダ》を例外として、その種の野心は姿を消しました)。できることなら世界を管理したいという執着はありますが、軍事的征服の手段を考えているわけではありません。ただし、国民が気づいているよりも頻繁に核の脅威をちらつかせながら、主として、旧植民地をふくめた「西側世界」における支配的な影響力を保持しようとしているのです。

過去七〇年あまりの間、核保有国家の指導者にヒトラーや東條のような領土拡張主義者は出現しなかったとはいえ、今日多くの人々が実感している以上に、核の時代は危険度を増しています。ひとつには、核の脅威を見せつけるために取り組まれた準備によるものですが――この場合の準備は、脅威に信憑性をもたせるためのものである一方、実行される見込みが低いことの示唆も含みました――、抑止に失敗した可能性もあれば、いくつかの事例では(具体的には、誤った警報によって現実に生じた深刻な事態を指しますが)実行段階に入って、段階的に拡大する可能性もありました。

さらに言えば、六〇年前(核の時代に入って一〇年が経過していました)以来の準備態勢に大きな変化があったことを完全に理解している人はほとんどいません。米ソ、さらには他の四つの核保有国家による核戦争計画と核配備における転換、原爆から水爆への置きかえがもたらしたものです。

原爆と水爆の根本的違い

比較的に知識のある方々のなかでも、広島と長崎の上空で爆発した原子爆弾（ウランかプルトニウムの同位体の原子核分裂によりエネルギーが発生する）と水素爆弾、戦争行為ではまだ使用されたことのない熱核兵器（原子爆弾を使って、水素の同位体の核融合反応を引き起こす）の根本的な違いを理解していると断言できる人にはめったにお目にかかりません。その違いを以下、説明していきます。

初めて広島で使用された原爆は、一万三〇〇〇トンから一万五〇〇〇トンのＴＮＴ火薬に相当する爆破力が見込まれていました。長崎に投下された原爆は一万八〇〇〇トンから二万トン相当でした。一方、第二次世界大戦で使用された最大の爆弾がＴＮＴ一〇トンないし二〇トン程度のものでした。大戦時にブロックバスターと呼ばれたのは、ビル建築が建ちならぶひとつの市街区《ブロック》を一個の爆弾で丸ごと壊滅させる爆破力を指したのです。ですから、広島と長崎に投下された原爆は、第二次世界大戦で使用されたブロックバスターの一〇〇〇倍の爆破力がありました（大量のエネルギーが大気中を上昇しますので、破壊力が一〇〇〇倍というわけではありません）。

冷戦が頂点に達したとき、米ソ両国の兵器廠には合計六万七〇〇〇個の核兵器がありました。このなかには射程の短い搭載機に載せる「戦術型」原子爆弾が大量に含まれていましたが、それでも広島と長崎の原爆の中間ほどの爆破力を備えていました。しかし、核兵器全体の約三分の一は、射程の長い「戦略型」搭載機に載せるもので、熱核兵器、Ｈ爆弾、水素爆弾、核融合爆弾でした（すべて同義語です）。

一九五四年にアメリカが実験した最初の投下型水爆はＴＮＴ火薬一五〇〇万トン相当の爆破力がありました。つまり、一五「メガトン」*、広島に落とされた原爆の一〇〇〇倍、ブロックバスターの一〇〇万個に匹敵します。

しかも、放射性降下物を数百キロメートル離れた地点まで拡散し、爆心から一五〇キロメートルの海上を運航していた第五福竜丸の乗組員を発病させ、一人の死者まで出したのです。米ソ両国の戦略的兵器廠を埋めつくした水素爆弾ですが、アメリカの場合、ＩＣＢＭや潜水艦発射ミサイル、さらには長距離飛行爆撃機の弾頭には、起爆装置として必要な長崎型の爆弾がすべて装備されていました。以上が原爆と水爆の違いです。

アメリカとロシアが現在でも八〇〇〇基以上保有している最新の熱核兵器（水爆）の起爆装置が都市上空で炸裂したときに市の中心部にどんなことが起きるか、原爆投下後の広島と長崎の写真を見るとよくわかります。爆撃機に載せられた当時最大の爆発力を誇る兵器は、小型化したＩＣＢＭの弾頭に置きかえられましたが、その核弾頭の威力は、長崎で使用された原爆の爆破力の五倍から一〇倍に達します（たとえば、アメリカが保有する約五〇〇基の水爆はそれぞれ二〇メガトン以上の威力があり、人類が経験してきたすべての戦争で使用された爆弾の総量の何倍にも及びます）。

現在、核を保有する九か国のうち、インド・パキスタンは水爆を保有していません、おそらく

＊メガトン　核爆弾の爆発力を表わすエネルギー単位。一メガトンはＴＮＴ火薬一〇〇万トンに相当する。

北朝鮮にもないでしょう(異なる主張をしていますが)。水爆保有に至るには、実験を重ねる必要があります。原爆の製造であれば、現在では事実上どの国でも可能です。設計面はよく知られており、実験は必要ありません。事実、広島で使用された原爆は投下前の実験を経ていません。長崎に落とされた原爆は一度だけ実験が行なわれました。水爆の場合、作動状況を把握するために多くの実験が欠かせません。実験を禁じられたインドとパキスタンは(おそらく北朝鮮も)使用可能な水爆を持つことはないでしょう。大いにあり得ることですが、もし実験が再開されたら、両国はごく短期間に水爆を開発することでしょう。その爆破力はおよそ一〇〇〇倍も高まります。

危険な状況はいまも変わらない

最後にもう一点。

アラン・ロボックやブライアン・トゥーンをはじめとする環境科学者の最近の調査によれば、インドとパキスタンの間で戦争が起き、それぞれが開発初期の広島型原子爆弾を五〇発、合計で一〇〇発投下した場合——保有量はもっと多いのです——、炎上する多くの都市から立ち昇る煤煙が成層圏に達して、核の冬の現象が発生するというのです。アメリカとロシアの戦争によって生じる完全な核の冬とは異なりますが、地球の成層圏に充満する煤煙が太陽光線を著しく低減させ、世界中の収穫物が生命力を削がれ、奪われて死んでしまいます(光線の低下率は七パーセント程度。米ロ戦争の場合は七〇パーセント強に及びます)。人間の生命をほとんど奪うほどではありませんが、もともと栄養状態に恵まれていない約二〇億の人々が餓死に追いこまれます。世界の人口のおよそ四分の一です。

インドとパキスタンに、そんなことをする権利がありますか？　カシミールの帰属をめぐってですか？　建設とか領有権をめぐって、あるいは将来性を見込んでですか？　とんでもない、そんな権利はありません。しかし、米ロ間の核戦争は規模がまるで違い、人類をほぼ全滅させます。なにをめぐって？　シリア？　ウクライナ？　リトアニア？　あるいは、(大いにあり得る話ですが)どちらかの誤った警報によって？

私の祖国であるアメリカがその元凶ですが、いかなる国であろうと、地上のほぼすべての人間の生命を奪う(さらに、ほとんどの大型種を絶滅させる)「世界破滅装置」の製造や保持には、どんな釈明も許されません。

アメリカとロシアはこの装置をいまも保有するどころか、莫大な費用をかけて「最新のもの」にしています。一触即発の警戒態勢にある両国の軍隊は、誤った警報にも敏感に反応する警戒システムで、それぞれ一体的に運用されています。他の核保有国家もすべて(いまのところ、北朝鮮を除き)、最大二〇億人を死に追いやる核の冬を引き起こす能力の「最新化」に努めています。新たな核実験が行なわれれば、世界破滅装置の増大につながります。そんな事態になったら、われわれ人類の未来は、いま以上に困難なものになってしまうことでしょう。

日本が、こうした破滅的な進路を選択するなら、数年のうちに世界破滅装置を手にすることができます(原発と再加工処理計画から得られるプルトニウムも、科学的・工学的能力も十分すぎるほどあります。ドイツについても同様です。両国とも実質的に核保有国家と呼んで差しつかえありません。物理的に数週間もあれば、北朝鮮が保有する数の原爆を製造できるのです）。

完全な世界破滅装置は、いまでも米ロ両国がそれぞれ四、五千基保有している戦闘即応型の熱核弾頭を必要としません。以前は数万基あったのですが、人類をほぼ絶滅させる能力にまったく影響しないことから削減されたのです。両国が保有する数百の水爆——警戒態勢で配備している数の四分の一以下——で十分事足りるのです。核を保有する九か国のうち六か国——イギリス、フランス、中国、イスラエル、インド、パキスタン——の備蓄兵器は小規模とはいえ、核の冬による飢餓によって一〇億あるいはそれ以上の人間に死をもたらす威力があるのです。

もう一度くりかえします。

いかなる国もこうした潜在能力をもつことを許されるはずがありません。正当な国家的必要性など、まったくありません。その存在そのものが、人類にとって絶え間なく日々を脅かす危険なのです。アメリカとロシアをはじめとする核保有国家の政策や核の能力に根本的な変化が生まれない限り、この危険な状況は続くことでしょう。

二日目

（著者，自宅書斎にて）

Ⅳ　なにが私を変えたのか

真夏の出来事

八月の暑い盛り、デトロイトでのこと。下町の街角に立っていると、新聞ラックに差し込んである『デトロイトニュース』の一面が目に入りました。記事の見出しを追う自分の近くを通る路面電車のガタゴトいう音を憶えています。

アメリカのたった一発の爆弾で日本のある都市が壊滅した。自分の頭に最初に浮かんだのは、その爆弾の正体を自分は知っているということでした。

ウラン235爆弾。前年の秋、学校で議論の対象となり、レポートにも書いていたのです。

私は考えこみました。

「アメリカが最初に手に入れた。そして、使用した。ある都市に」

恐怖感が走り、人類にとって非常に不吉なことが起きてしまったという感覚に包まれました。一四歳のアメリカ人として私がはじめて体験した、自分の国は恐ろしい過ちを犯したのかも知れないという感覚です。その九日後に戦争が終わったときには喜びが湧きましたが、八月六日の最初の反応が誤っていたとは思えませんでした。

私の場合、ほとんどの人がマンハッタン計画など知りようもないなかで、恐るべき核の世紀が幕を開けたことを知るに至りました。核兵器の出現にたいする私の態度もこのときに固まったのです。先ほどの新聞見出しを目にするおよそ九か月前のことですが、きわめて変わった体験をしていました。

一三歳の生徒たちの結論

一九四四年秋、九年生の社会科授業でのことでした。一三歳のときで、ミシガン州ブルームフィールドにある私立学校クランブルックで全額奨学金の寮生活を送っていました。教師のブラッドリー・パターソンが、当時の社会学ではよく知られたウィリアム・オグバーン*の「文化的遅滞」という概念について論じていました。

その考え方は、技術の発展は、人間の社会的・歴史的進歩の分野においてはより広範囲に、より速く進むというものでした。行政の制度、価値観、習慣、社会とわれわれ自身についての理解、などの分野を指して主張されたものです。まさに、「進化」の概念を、主として技術に適用したのです。新技術への社会的適合において「立ち遅れて」しまうもの、進展の速度が遅かったり、停止してしまうものはすべて、技術を制御・管理する能力や他の人間を支配する技術の使用に関係がある、というのです。

***ウィリアム・オグバーン**　（一八八六―一九五九）。アメリカの社会学者。「文化的遅滞」や「家族機能縮小」の概念で知られる。

教師のパターソンはこのことを説明するために、近々に現実化する可能性のある技術の進歩を事例として取りあげたのです。放射性元素ウランの同位体235を使用して製作される爆弾を想定できる段階に入ったが、その爆破力は、現在の戦争で使用されている大型爆弾の一〇〇〇倍にのぼるだろう、ということでした。一九三八年の終わり頃にドイツの科学者たちが、ウランの原子核分裂によって計り知れないエネルギー量が放出されることを発見していました。

戦争中、週刊誌『サタデーイブニングポスト』などに、原子爆弾、とりわけウラン同位体235を応用した爆弾の可能性に言及した論文が数本掲載され評判になりました。いずれの論文も、存在自体が極秘だったマンハッタン計画の関係者から洩れたものではなく、一九三九年と一九四〇年に自由に発表された研究初期の論文に触発されたものでした。当時はまだ科学上の自主規制はなく、やがて公文書の機密区分が導入されたのです。

パターソンは大学在学中の一九三九年に、教師から聞いた戦時中の初期論文の一篇を読むことができました。社会的諸制度に比較して、科学と技術が一段と飛躍する可能性の一事例として、われわれ生徒たちに原爆開発の可能性をもち出したわけです。

ひとつの国、あるいはいくつかの国が、原爆製造の可能性を追求する道を進み、実際に成功をおさめた事態を想定してみよう。

人類にとってこのことが暗示するものは一体なんなのか?

現に存在する人間と国家によって、どう使われることになるのか?

結局のところ、世界にとってこれは悪いものなのか善いものなのか？

たとえば、平和の力になるものなのか、それとも破壊の力になるのか？

この問題について一週間以内に短い作文を書くことが宿題として課されたのです。なん日か考え続けた末に、レポート用紙に書いた結論を思い起こしています。記憶によれば、クラスの全員がほとんど同じ結論にたどりついていました。疑う余地はないように思われたのです。

私たち生徒がそれぞれ出した結論は、次のようなものでした——。


こうした爆弾の出現は、人類にとって悪い知らせでしょう。これほどの破壊力を扱う力が人間にあるとは思えません。安全に、適切に制御することなどできません。その能力は「悪用される」ことでしょう。つまり危険な形で・破壊的に使用され、恐ろしい結果をもたらすにちがいありません。多くの都市が破壊し尽くされます。連合国がドイツの諸都市を原爆なしで破壊しようと全力を尽くしているのと同様に、ドイツ軍が大戦初期にロッテルダムやロンドンに試みたのと同様に、壊滅するのです。文明あるいはわれわれ人類の存亡が危機にさらされることになるでしょう。

破壊力があまりに強大です。「ブロックバスター」と呼ばれるほどの爆弾の存在だけでも十分に理不尽なことです。さらにその一〇〇〇倍も上まわる爆破力で都市をまるごと破壊する爆弾など、人類は想定さえしていません。

私の記憶によればこうした生徒たちの結論は、どの国が、どれほどの量の原爆を所有するか、どの国が最初に手にするか、によって左右されるものではありませんでした。それにしても、記憶はやや薄れますが、われわれ生徒たちは、進行中の大戦の結末に影響を及ぼすほど早い時期に出現するものとは考えていませんでした。

初期の科学研究を主導したドイツ人が最初に手に入れるのではないか、と先生は考えていたようです。しかし、これが必然的にナチスあるいはドイツ人の爆弾になるという前提に立って、消極的な評価をしたわけではありません。民主主義国家が最初に手にするにせよ、結局のところ、有害な新技術であると思われました。

自分たちが書いてきた文章を見ながら授業時間で議論した後、再度この問題について考えることになる数か月前のことでした。デトロイトの街角で経験した瞬間のことをよく憶えています。その情景がいまでも目に浮かび、感覚がよみがえり、その八月六日付の新聞見出しを目で追いながら考えたことも思い出せます。

もうひとつ憶えているのは、その当日から数日間、ラジオから聞こえてきたハリー・トルーマン大統領の演説になにか不安なものを感じたことです。原爆開発競争に我が国が勝利し、日本との実戦に効果を発揮したことを勝ち誇るような声の調子だったのです。当時もその後も、総じてトルーマンを称賛していた私ですが、彼の声明を聞くたびに、悲劇、絶望、あるいは未来を怖れる感覚の欠如が感じられ、その声に関心をそがれてやがて遠ざかるようになりました。苦悩のなかで練りあげられた決定であるはずなのに、トルーマンの話す態度も公式声明文の調子も理路整然としていて状況にそぐわない感じでした。

国の指導者が状況を把握していないということは私にとって、自分たちが残した前例の深刻さや未来への不吉な暗示を漠然とであれ理解していないことを意味するものでした。あまりの無知さ加減自体が薄気味悪く感じられました。なにか不吉な前兆があらわれたのだと思いました。原爆が実用可能になったことは人類にとっての悪であり、その使用は長期にわたり悪影響を及ぼすに違いありません。そうした否定的要素を短期的な便益が相殺し、あるいは凌駕することがあるかどうかには関わりのないことです。

いま振り返って考えても、私の当時の反応は正しかったように思われます。

どんな権威も誤ることがある

ふたつの相互に関連する主題――核兵器への強烈な嫌悪感、さらに一般化された女性や子どもたちを殺害することへの嫌悪感――が、私の人生にずっとつきまとってきましたが、一年以内に起きたふたつの出来事を、自分の情動記憶のなかで、混合させてしまったことを疑問に思うようになりました。ふたつの出来事のひとつは広島への原爆投下であり、もうひとつは、広島の一一か月後に私の家族を襲った大惨事のことです。

一九四六年七月四日、暑い盛りの午後、アイオワ州のトウモロコシ畑を一直線に伸びる平坦な道路で——デトロイトからデンバーの親戚宅を家族で訪問する途上のことでした——、私の父が居眠り運転をしてしまい、車は路面から大きく逸れて排水溝の側壁に激突し、車体の右側が剝ぎとられた状態になって、母と妹が亡くなりました。

父は鼻の骨が折れ、額を切りました。幹線道路警備隊の車が現場に着いたとき、父は車の残骸の近くを、血にまみれた放心状態でふらついていました。私は額の左側に長く深い切り傷を負い、脳震盪で昏睡状態に陥ったまま車の中にいました。後部座席手前の床に置かれたスーツケースを覆う毛布に座りこんだ姿勢で、頭部を運転席の背後にもたれかけていました。車が壁面に衝突したとき、私の額は運転席の裏に設置された金属製の備品に激しくぶつかり、気を失って、額の肉が大きく剝がれて垂れさがったありさまでした。昏睡状態が一日半、続きました。両脚は車の座席下に伸びきる形で、右脚の膝上のところで骨折していました。

当時、父はネブラスカ州幹線道路の道路設計を担当していました。父が言うには、関連法が改正されるまで、幹線道路の側壁は路面とじかにつながっていてはいけない規則になっていたのです。この側壁が車の片側を引き剝がしたのですが、ちょうどそこに母と妹が座っていて、妹は前方に視線をやり、母は背中を車の右側にもたれかけていたのです。デトロイトからかけつけた弟が廃車置き場で車の残骸を見たのですが、スチールウールのようになった車の右側だったそうです。生存者がいたのが不思議なくらいでした。

事故の発生は、まったくの偶発的事件とは考えられず、父の話によれば、疲れきった状態で運転を続けていたのです。この事件が私の人生にどんな影響を及ぼしたのか、ここでは触れないことにします。しかし、後にペンタゴン・ペーパーズを読んで得たもの、さらにはそれ以降の市民としての社会活動についていま振り返ってみると、一九四五年八月と一九四六年七月のふたつの出来事に無意識のうちに、共通するメッセージを読みとったように思えます。

私は父を愛していましたし、トルーマンを尊敬していました。しかし信任を得ている権威といえども――たとえ、その人物がどんなに善意に満ちていても、どれほどその人物が高く評価されていても――自分と自分の家族を思いがけない災難から守るうえで、全面的に頼りにできるわけではありません。さまざまな出来事を信頼できる筋の保護にまかせきりにすることはできません。人は居眠り運転をしながら壁や崖にむかって突進することがときには起こりえます。後々、リンドン・ジョンソン*や彼の後継者のなかに、これに類する光景を見ましたし、その後も絶えることがありません。

正当化の論理

広島と長崎が灰燼《かいじん》に帰した一九四五年八月にこうした感覚――わが国の大統領および原爆につ

*リンドン・ジョンソン（一九〇八―七三）。合衆国第三六代大統領（六三―六九）。ケネディ暗殺後、副大統領から昇格。ベトナム政策の行き詰まり・戦争の泥沼化から大統領選不出馬を宣言し、戦争終結の道を開く。

いての感覚――が私の周りにいる人々、私の両親、友人、さらにほぼすべてのアメリカ人から私を引き離すのを感じとりました。口に出したら非愛国的な印象をもたれますから、言うことはありませんでした。それは、第二次世界大戦中に人々が最も内に秘めた考えにも通じるものでした。

一四歳のアメリカの少年には似つかわしくない考え方ですが、その週のうちに戦争が終わりました。前年の秋に、パターソン先生の社会科授業を受けていなかったら、どうなったことでしょう。クラスの誰もが、夏季休暇中の八月六日に新聞見出しを目にした際、原爆については聞きおぼえがあると直感したに違いありません。さらに、以前交わした議論を思い起こして、私と同様に反応したかどうかはわかりません。

しかし、そのとき私たちが出した結論も、八月六日の私のような反応も、私たちが才能ある予言者だったからではありません。八月六日以前に、おそらく私たちのクラスをとりまく社会の誰ひとり――マンハッタン計画関係者(その中でもごく少数)以外の誰ひとり――核兵器が人類の長い将来に及ぼす影響を考えぬいた私たちのように一週間を、あるいはたった一日でも、過ごした人はいないはずです。

私たちは、もうひとつの重要な点で一般のアメリカ人と離れた立場に立たされました。おそらくは、マンハッタン計画当事者あるいは私たち社会科クラスの生徒を除けば、誰も原爆について考える機会がありませんでした。ですから、一九四五年八月になってその可能性をはじめて知らされても、非常に偏った楽天的な連想しか思い浮かばなかったのです。具体的には、ナチスの爆弾を阻むために開発された「われわれの」武器であり、アメリカ民主主義の道具であり、大統領が二代にわたって追求した戦争に勝つための兵器で、犠牲の大きい日本侵攻なしに戦争を終わらせるために必要な兵器である――ほぼ例外なく信じられていた主張――といったものです。

私たちが前年の秋に身につけた考え方は、八月六日以降に核の新世紀について考えはじめた他の人々とは異なるものでした。正義の力を体現するこの兵器のおかげで戦争に勝利したのであり、これがなければ一〇〇万人にのぼるアメリカ人の命(さらには同規模の、あるいはそれをこえる日本人の命)が犠牲になったはずであり、その功績は偉大なものだ、といった主張や見せかけによって形成され、あるいは歪められたものとは、まったく異なりました。

ほとんどの人々にとって、原爆の将来像についての感覚がどれほど恐怖に満ちたものであっても(影響力のあるメディアはこの感覚を、人々が記憶している以上に、機会あるごとに表現したものです)、終戦時および戦後初期には、その正当性ならびに奇跡的な永遠の可能性が現実のものになったという雰囲気に圧倒されていました。いまでも大多数のアメリカ人は、広島と長崎に落とされた原爆について、自分たちの命、自分たちの夫、兄弟、父、祖父などの命を救ったもの、これがなければ日本侵攻という危険を冒すことになったものとして、特段の感謝の念を捧げています。こうした人々にとって、原爆は殺戮の道具などではなく、むしろ一種の救世主、貴重な生命の防護装置だったのです。

総じて、アメリカ人はその後もずっと、広島と長崎の住民の殺戮を必要かつ効果的なものとみなしてきました。実質はテロリズムですが、一定の状況下での正当な手段としたのです。一日のうちに行なわれたものとしては歴史上二番目か三番目に規模の大きい殺戮行為が、彼らの目から見て正当化されました(最大のものは、やはりアメリカ陸軍航空隊によって五か月前の三月九日の深夜に行なわれた東京への焼夷弾爆撃で、八万人から一二万人の市民が焼死あるいは窒息死しました。この出来事の一部始終を知るアメリカ人はごく少数ですが、そのほとんどが戦時には妥当なものであると容認しています)。

こうした行為の数々を、犯罪的で人間の道義に反するものには該当しないと見なすこと——ほとんどのアメリカ人の見方です——は、正当化の根拠となるなにか——そのなにかが問題なのですが——の存在を信じることです。最悪の状況で必要とされる、より小さな悪の存在です。少なくとも、戦時であって、大統領の命令にもとづいて、自国民によって実行されたという条件が必要です。いかにも、アメリカは世界でも類を見ないほど、爆撃によって——具体的には、大量破壊兵器で都市を次々に爆撃することによって——戦争に勝ったと信じ、しかもその行為が完全に正当であると信じている国なのです。これは危険な精神状態です。

たとえ、こうした正当化の根拠に現実性があったとしても(私は、多くの研究者と連携した数年におよぶ調査の結果、根拠はなかったと確信していますが、ここではこれ以上言及しません)、これにもとづく政策決定への信頼は、破滅的な結果に行きつかざるを得ません。核兵器による大量殺戮の脅迫をいつでも実行に移す用意があることを、我が国の安全保障の基盤にすえて以降、このような正当化がアメリカ政府と国民の側の機敏な受け入れの根拠となっているのです。核兵器の廃絶は実現不可能なだけでなく望ましいことでもない、という多くの政府関係者やエリートの信念を支えているのもこの正当化です。

隠匿された嘆願書

対照的に、一九四五年夏の数日間、大統領による既成事実化の枠組みがこうしたやり方でつくられる以前に、パターソン先生の授業で生徒たち全員の身に沁みた不吉な予感にたどりつくために、非凡な精神を必要としたわけではありませんでした。マンハッタン計画に関与した多くの科学者が、原爆の使用以前に自らの判断をくだす機会を与えられたのと同様に、第九学年の一三歳の少年たちにも容易な結論でした。

しかし科学者たちは、一般の人々どころか政策決定にあたる高官にも知られていないことを理解していました。かれらは原子爆弾、自分たちが準備しつつあるウランとプルトニウムの核分裂爆弾が、後に水素爆弾あるいはH爆弾と命名される核融合爆弾など、はるかに強力な爆弾の前触れでしかないことを知っていたのです。その兵器――最終的には数万トンの規模に達しました――は、核分裂爆弾の一〇〇〇倍の爆破力を見込まれていました。

さらに、核兵器が今後長期にわたってもつ意味合いに強い関心をむけた科学者のほとんどは、一九四五年五月のドイツ降伏後になってようやく、日本への原爆使用が核兵器の国際的管理につながるとは考えにくいと思い知ったのです。結局は、絶望的な兵器開発競争に行きつき、じきにアメリカを敵国の無制限な水爆所有に直面させることになるでしょう。科学者が先制攻撃にかんする大統領への嘆願書に書いたように、「他国の都市ばかりでなくアメリカの都市も、突発的な殺戮の危険に絶えずさらされるのです」(この点については、彼らの正しさが立証されました)。

科学者は大統領に慎重な判断――倫理的な理由ならびに文明の生き残りという長期の視点にもとづいた判断――を求め、日本への原爆の使用が戦争を早く終わらせる可能性はあるにせよ、これを実行する一連の手順への着手に反対したのです。しかしながら、この嘆願書は「正規の手続きを経て」回送され、マンハッタン計画の陸軍指揮官レスリー・グローブズ少将の手で故意に隠匿されました。大統領どころか陸軍長官ヘンリー・スティムソンの目にも触れることなく、原爆投下に至りました。科学者たちの将来見通しへの懸念と核攻撃がおよぼす影響についての判断が、時期を問わず、トルーマン大統領に知らされていたという記録はありません。まして一般のアメリカ国民には知るすべもありませんでした。

ラビノビッチの書簡

戦争終結時に、科学者の嘆願書とこれに関連する論考は機密扱いに分類を変えられて、社会の目から遮断され、その存在は一〇年以上の間、知られずにいました。後に、マンハッタン計画にかかわった数人の科学者が、かつて機密情報管理者の要請に従い――自分たちの機密取り扱い資格と地位を失うことを怖れ、さらには告発もあり得ると考えてのことでした――、問題の核心について社会から隠蔽する行為に加担したことへの後悔の念を表明しました。

その科学者のひとりであるユージン・ラビノビッチは戦後、原子力科学者会報*(および「終末時計」)を立ちあげ、編集にたずさわった人物です。一九四五年五月のドイツ降伏後、彼は仲間と別行動をとり、アメリカ国民に原爆の存在、日本への投下計画、倫理的問題と長期にわたる危険性についての科学者の見解を公表し、警告を発することを積極的に検討していた事実があります。ラビノビッチは、一九七一年六月二八日付で掲載された『ニューヨークタイムズ』紙への書簡で初めてこのことを公表しました。ちょうどその日、私はボストンの連邦裁判所で逮捕されたのですが、ＦＢＩの追及を逃れて一三日間、妻とともに姿をくらました末のことでした。逃亡中、『ニューヨークタイムズ』と『ワシントンポスト』の両紙に出版差止命令が出たので、ペンタゴン・ペーパーズを一七にのぼる新聞社にばらまきました。

ラビノビッチの書簡の冒頭にはこうありました。「アメリカのベトナム介入について国防総省《ペンタゴン》が書いた歴史を、「機密文書」指定を無視して、『ニューヨークタイムズ』が暴露した」ことが、自分を後押ししてくれたのだ、と。

広島と長崎への原爆投下が差し迫った時期ですが、原子力兵器の最初の導入というきわめて重大な行為を、名のある報道機関を通じるなどの手段で、広くアメリカ国民に知らせるべきか考えこんで眠れない夜が続きました。政府は、国民に意見を求めることもないまま実行するつもりでした。二五年後のいまになって、そのときそうした行動をとったなら、正義にかなっていたことだろうと思います。

＊**ユージン・ラビノビッチ**　（一九〇一―七三）。アメリカの化学者、物理学者。マンハッタン計画に深く関与したが、戦後、核開発競争を批判するなど科学者の社会的活動を主導する担い手となった。

私は逮捕され、法廷に召喚された身でしたから、当日の新聞を見ていません。ラビノビッチの場合は一九四五年当時に、私の場合は一九六四年当時に、しておけばよかったと思うことを行動にあらわして法に触れたわけです。ロバート・ジェイ・リフトンとグレッグ・ミッチェルの共著『アメリカの中のヒロシマ』〔一九九五年、日本語版は大塚隆訳、岩波書店、一九九五年〕に登場する内部告発に迷いぬいた科学者によって、この驚くべき告白（私の知るかぎり他に例がありません）をはじめて知らされたのです。

ラビノビッチの発言には、いまでも信じられないような驚きを感じますが、その通りだと思います。彼の考察は申し分なく、当時その通りに行動していたなら、正当性をもったことでしょう。ただし訴追と投獄を免れなかったはずです（彼の書簡が公表された当時の私と同じように）。それでも、アメリカ国民に情報を提供し、重大な決定にかかわった共同責任を問いかける彼の行為は、ひとりの市民として、ひとりの人間として、きわめて正当なものと認められたに違いありません。

ある技術者

同じ立場に立たされた科学者のなかで、広島以後、数年におよんで同様の課題に直面した人たちがいました。水素爆弾という人類の生存を脅かす危険をはらんだ、恐るべき兵器の技術発展にとりくんでいた科学者たちです。このなかには、日本への原爆の使用を促した科学者も含まれていましたが（先に述べた嘆願書にも異議を唱えました）、「人類にとっての極端な危険」という観点から、新しい計画の展開と実験を勧めない態度をとり、こう述べたのです。

「はっきりと自覚しよう。これが超大型兵器《スーパー》であることを、しかも原子爆弾とはまったく範疇《カテゴリー》を異にするものであることを」〔ハーバート・ヨーク『助言者』一九七六年、日本語版『〔ドキュメント〕大統領指令「水爆を製造せよ」科学者たちの論争とその舞台裏』塩田勉・大槻義彦訳、共立出版、一九八二年〕

もう一度言います。ずっと後になってわかったように、将来におよぼす危険性についての情報を秘匿しても、政府内の科学者に完全に限定できるものではありません。大統領の認可がおりて、政府の事業計画として決定される以前に、複数の科学者――後で触れますが、私の父もそのひとりでした――が、この見通しについて知っていました。くり返しになりますが、予備的な知識や情報さえあれば（すでに述べたように一般の国民には隠蔽されましたが）、原子物理学者でなくても、倫理に反するうえに長期におよぶ危険性を把握できます。父の場合は、一定の知識と情報がありました。

ここで少し背景に触れておきましょう。私の父ハリー・エルズバーグが構造工学技術者だったことは先にお話ししたとおりです。「民主主義の兵器廠」とも言われたデトロイトで、アルバート・カーン*のもとで働いていました。第二次大戦がはじまったときには、構造系の責任者としてフォード社のウィローラン工場を設計する仕事にたずさわっていました。陸軍航空隊向けにB24リベレイター［解放者］爆撃機を製造する工場です（二〇〇九年、当時のオーナーGM社は、破算手続きの一環としてこの工場の閉鎖を発表しました）。

父は、この工場が単一の大屋根で覆われた世界最大の工業用途建築であることを誇りにしていたものです。フォード車と同様の組み立てラインで爆撃機を生産したのですが、組み立てラインの長さは二〇〇〇メートルにも及びました。もともとは一直線のデザインを想定していたが、検討の末にL字形に行きついたのだ、と父が私に教えてくれました。用地が確保されるとフォード社の経理担当役員から、工場は郡の境界線を越えそうな気配だが、会社としては隣接する郡にまで調整の手が及ばず、地方税も高くなる、したがって、組み立てラインと建物の設計にあたっては、右方向に曲げた形にして郡の境界を越えないようにすべきだ、と注意されたそうです。

一度、父に連れられてウィローランまで行き、稼働中のラインを見学しました。目の届くかぎり、飛行機の巨大な胴体が軌道にそって動き、労働者がリベットを打ったり、部品を取りつけたりしていました。シカゴの食肉解体場で動物の死体が移動していくのを見たときのような光景でした。しかし父が説明した通りに、一二〇〇メートルの距離を移動した胴体は、円形の回転台に載せられ、九〇度向きを変えてから再度軌道にそって、L字形の最後の八〇〇メートルを運ばれるのでした。最終的に完成した機体は工場の端にある格納庫の大扉から運び出されます。およそ一時間に一機の速度です。一〇万におよぶ部品を使い、ラインに沿って一機の飛行機の組み立てを完成させるのに五九分かかりました。あとは、燃料を一杯に注入され、戦場に飛び立つだけです。

一三歳の少年にとっては、心躍る光景でした。父親が誇らしく思えました。父が戦時中に手がけた次の仕事は、さらに規模の大きな航空機エンジン製作工場――やはり単一屋根の世界最大の工場――で、Ｂ29のエンジンの製作を一手に担っているダッジ社のシカゴ工場の設計でした。

戦争が終わったとき、父にワシントン州のハンフォードにあるプルトニウム製造施設の増強を監督する仕事のオファーがあり、引き受けることになりました。原子力委員会と契約したゼネラルエレクトリック社が管理する事業でした。この事業の主任構造技術者の仕事につくために、父は数年勤めたアルバート・カーンの技術事務所を離れ、ギッフェル＆ロセッティ事務所に移籍しました。後に教えられたことですが、この事務所は当時世界で最も多く建設事業契約を締結しており、父の関与した事業は世界最大級のものでした。こうして私は「最大級」という言葉をよく聞かされながら成長したのです。

ハンフォードの事業で父は、かなりの高給を手にしました。しかし私がハーバード大学の二年生で家を離れている間に、ギッフェル＆ロセッティ事務所の仕事を辞めてしまいますが、そのときには理由を聞かされませんでした。父はほぼ一年、仕事を離れていましたが、その後、事務所

＊アルバート・カーン　（一八六九―一九四二）。アメリカの建築家。流れ作業に対応する自動車量産工場の設計で知られた。

全体の構造技術責任者として復帰しました。

父の告白

それからおよそ三〇年経った一九七八年、父は八九歳になっていましたが、ギッフェル&ロセッティ事務所を辞めた理由を問いただしたことがあります。その答えに驚きました。

「水爆の設計を手伝うよう求められたからだ」と父は言ったのです。その言葉を聞いた私は息をのむような思いでした。一九七八年当時、私はジミー・カーター大統領がヨーロッパに送りこもうとしていた中性子爆弾(小型の水爆です)の配備に反対して、昼夜の区別なく活動に邁進する日々でした。

中性子爆弾は、通常の核爆発による破壊力に比べて、中性子線の放射による殺傷力の及ぶ範囲が大きくなります。最も効果的に作動した場合、中性子爆弾を空中で爆発させると放射性降下物は少量しか発生せず、構造物、設備、乗り物などもほとんど破壊しません。ところが人間は、建物や密閉されたタンクの中にいても死んでしまいます。ソ連は、人々を殺戮し、資産を破壊しないことから、これを「資本家の兵器」とあざ笑っていましたが、他の国々と同様にこの兵器の開発実験に取り組んでいました。

私はほぼ二〇年間、こうした構想にもとづく兵器の開発や実験に反対してきましたが、そのきっかけは私の友人であり、ランド研究所の同僚でもあったサミュエル・コーエンから詳しく説明を受けたことでした。もっとも当人は「中性子爆弾の父」と呼ばれて喜んでいました。私が怖れたのは、致命的な影響の制限・制御が可能な「小型」兵器という外見を装った中性子爆弾を、軍事兵器としての使用に最適なものとしてアメリカが最初に使う、さらには「制限された核戦争」をひき起こすということでした。アメリカの兵器廠の大半を占め、当時のソ連が所有するすべてとも言える、もっと大型で、放射線を大量にまき散らす兵器と入れ替わるだけの話です。

父が水爆となにか関わりがあったのか、それまでは聞いたことがありませんでした。ベトナム戦争が終結して以降、私が書いた反原子力の著作や関連する活動に、父はことさらに口出しをしませんでした。私は、ギッフェル&ロセッティ退社についてさらに問いかけました。

「水爆の原料を生産する大がかりな工場の設計責任者になるよう求められたんだ」

父が言うには、ハンフォードの用地を造成したデュポン社が原子力委員会と契約する見通しで、工場はサウスカロライナ州のサバンナ川周辺の用地に建てられる予定でした。その話はいつのことなのかと聞くと「一九四九年の終わり頃」という返事でした。

「それは勘違いじゃないかな。当時は水素爆弾のことなど知る由もないし、時期が早すぎるよ」

ちょうど、ヨークの著作『助言者』で開発経緯について読み進めていたところでした。

原子力委員会の一般諮問委員会（ロバート・オッペンハイマー*が委員長を務め、委員にはジェ

***ロバート・オッペンハイマー**（一九〇四―六七）。アメリカの物理学者。マンハッタン計画で原爆完成を指導した。後に、レッドパージで公職を追われる。

イムズ・コナント*、エンリコ・フェルミ*、イジドール・ラービ*などが名を連ねていました）は、一九四九年の秋、水爆の突貫計画に着手するかどうか検討を重ねていました。先にも触れたように「超大型兵器」です。委員会は強く反対すると勧告したのですが、トルーマン大統領は却下しました。

「トルーマンが着手を決断したのは一九五〇年一月のこと。それまでは、すべてが超極秘。お父さんが前の年に聞いたなんてあり得ないよ」

すると父がこう言ったのです。「だが、事を進める動きがあるなら、誰かが工場の設計をしなければならない。自分は論理的な人間で、戦後はハンフォードで事業全体の構造系の責任者だった。Q証明をもっていたよ」

原子力委員会による資格証明で、核兵器の設計や備蓄にかんするデータに接触できる「Q証明」を父がもっていたと聞いたのは、これが初めてでした。私自身も、一九六四年にランド研究所を辞めて国防総省に入ってから、最高機密をこえる特別な資料の閲覧資格とともに、この証明を受けています。父がこの資格証明をもっていたのは初耳でしたが、ハンフォードのためにこれが必要となるのは当然でした。

私はこう言いました。

「お父さんが口にしているのは、アメリカが一九四九年に水爆の製造を検討していた実態を知る、原子力委員会の部外者では唯一の人間になっていたかもしれない、ということだね」

父は「そう思う。いずれにしても、一九四九年の終わり頃のことだった。職場を離れたときだからね」

「辞めた理由は？」

「水爆を製造するのは嫌だった。なにしろ、爆破力が原爆の一〇〇〇倍以上だ！」

八九歳になった父の記憶は確かでした。父は一〇〇〇倍という数字を正しく憶えていました。オッペンハイマーや他の科学者たちが一九四九年に出した報告書で予測したのも同じ数字です。彼らの予測は的中しました。実際に水爆がはじめて威力を見せるのは、五年後のことですが、広島の爆破力の一〇〇〇倍をこえたのです。

爆破力一五メガトンの水爆一個が、第二次大戦で投下された爆弾総量のほぼ八倍に相当し、人類史上のすべての戦争で使われた爆薬総量をこえるのです。一九六一年に旧ソ連が実験で使用した水爆は五八メガトンでした。

「辞めたのは、お父さんひとりだけ？」

父の話は続きました。

＊**ジェイムズ・コナント**（一八九三―一九七八）。アメリカの化学者。外交官。ハーバード大学学長（三三―五三）。

＊**エンリコ・フェルミ**（一九〇一―五四）。イタリアの物理学者。ノーベル物理学賞受賞（三八）の翌年に渡米。

＊**イジドール・ラービ**（一八九八―一九八八）。アメリカの物理学者。ノーベル物理学賞を受賞（四四）。

「原爆の仕事も気が進まなかった。だが当時、アインシュタインの考えはその必要性を認めているように思われたし、わが国がソ連に対抗して保有すべきだという考えは納得できた。だからその仕事についたのだが、すっきりした気分にはなれなかった。まもなく、一〇〇〇倍の爆破力をもつ爆弾を製造中で、自分の担当の仕事と聞かされた」

「自分の事務所にもどって、代理人にこう言ったよ。「あの連中は正気を失っている。A(原子)爆弾を手にしながら、今度はH(水素)爆弾を欲しがっている。アルファベット順に最後のZ爆弾まで行くつもりだろう」」

「そうだね、いまのところはN(中性子爆弾)までだけど」と私が言うと、父が付け加えました。

「もうひとつ、どうしても我慢できないことがあった。核兵器を製造すると大量の放射性廃棄物が発生する。廃棄物容器の設計には責任など負っていないのだが、いずれ漏れ出るのは目に見えていた。廃棄物は非常に長い期間、きわめて有害なものだ。二万四〇〇〇年の間、放射線は絶えることがない」

またしても父は正確な数字をあげたので、私は言いました。「お父さんの記憶力は全然衰えていない。致命的な放射線はもっとずっと長く残存するけど、プルトニウムの半分くらいの期間かな」

父は涙ぐみ、かすれた声で話し続けました。「自分が、母国の土地をずっと汚染し続ける事業計画のもとで働き、数千年も人間が暮らせない土地を生みだしているのかも知れない、と思うと堪えられなかった」

父の言葉をじっくり噛みしめた私が、一緒に働いている同僚の誰かが同じような疑念を抱いていなかったか訊ねると、「わからない」というのが父の答えでした。

「辞めたのは、お父さんひとりだけ?」

父はうなずきました。生涯で最も給与に恵まれた仕事を離れ、父は二度と会社勤めはしませんでした。しばらくは貯金を切り崩す生活をし、コンサルティングのような仕事をしていた時期があります。

私は、オッペンハイマーやコナント(両者とも広島への原爆投下を推進した人物)、さらにはフェルミとラービのことを考えました。父の退社と同じ月でしたが、彼らは、限界をきわめた条件で超大型爆弾を開発することに、次のように指摘して、組織内部で反対の意思を表明したのです。「大量殺戮の兵器であり……原子爆弾よりはるかに大きな規模で一般住民を絶滅する政策を確実なものにする……その破壊力は無限である……人類の未来への脅威には堪えられない……人間性総体にとっての危険……いかなる角度から検討しても道義に反する」[ヨーク『助言者』]

これらの科学者のうち誰ひとりとして、機密取扱い資格を危険にさらしてまで、自分の抱く不安とその根拠を広く社会に公表することはありませんでした。オッペンハイマーとコナントは、大統領から助言を無視されたときに、諮問委員の辞任を考えました。しかし、ディーン・アチソン[当時の国務長官]から、大統領の選択が人類を危険に陥れるという専門家としての判断に社会の関心を集めないよう説得され、そのときには辞任を思いとどまりました。

父に決断させたのは

なにがそれほど強く父を動かし、他に誰もしないような行動をとらせたのか、父に訊ねました。

「お前と同じだよ」という答えでした。

なにを指して同じと言うのかわかりません。「どういうこと？ このことで、これっぽっちも話したことないし、なにも知らなかったんだ」

すると父がこう言ったのです。

「かなり以前のことだ。ある日、おまえが一冊の本を手に、泣きながら帰宅したときのことを憶えている。広島についての本だった。「お父さん、この本を読んだんだ。こんなひどいこと、はじめて知ったよ」と言っていた」

ジョン・ハーシー*の『ヒロシマ』〔邦訳は、法政大学出版局刊〕に違いありません（書籍として発刊されてすぐに読みました。一九四六年八月に雑誌『ニューヨーカー』に掲載されたとき、私は入院中でした）。ただ、父に渡したことは憶えていませんでした。

「そう、私も読ませてもらった。おまえの言う通りだった。ちょうど、原爆製造事業へのかかわりに嫌悪感をもちはじめた頃だった。そんなときに、水爆の仕事にたずさわってほしいと言われたんだ。もう堪えられなかった。引き際と考えたわけだ」

辞める理由を上司に話したのか訊ねました。数人に話した程度ということでしたが、その人たちは父の気持ちをわかってくれたようでした。実際には、一年もたたないうちに事務所長から呼び出され、事務所全体の構造系技術の責任者として復帰するよう要請されたのでした。デュポン社との契約仕事が減りはじめていて(その理由は知らされませんでした)、原子力委員会や核爆弾製造との関わりはもたずにすむということで、引退まで事務所で働いたのです。

最後に私の疑問をぶつけました。

「お父さん、いままでなにも聞かずにいたけど、どうしてなの？　まったく話してくれなかったのは、なぜ？」

「このことは家族にも言えない。おまえにも機密情報を教えるわけにはいかなかった」

そう、ようやく私に情報への接触許可がおりたわけです。父が引退して一〇年後のことでした。有用な情報であることはわかっていましたが、その後の数年間、私は父から聞いたことを封印しました。

ケーラー青年との出会い

一九六九年、私は、戦争抵抗者連盟の年次総会(戦争抵抗者インターナショナルの三年ごとの大会との同時開催)に足を運びました。第一次世界大戦時および戦後の良心的兵役拒否者の連合体に端を発するさまざまな反戦団体を精神的に支えた多くの文学作品をすでに読んでいました。

＊ジョン・ハーシー　(一九一四—九三)。アメリカの作家、ジャーナリスト。第二次大戦に従軍取材し、多くの記録や小説を残した。

とりわけ、マハトマ・ガンディーやバーバラ・デミング*、マーティン・ルーサー・キングさらにはソローなどの著作を好んで読みました。自己犠牲をいとわず、凶悪な行為へのかかわりを断つ非暴力的抵抗の思想に感化されていましたが、現実にこうした理念で人生をまっとうしている人々との出会いは経験していませんでした。

　ペンシルベニア州のハバフォードで開かれたこの会議で、ベトナム戦争中にハノイやサイゴンまでヨットに乗って医療用品を運んだ人をはじめ、さまざまな人々に会うことができました。ヨットで南太平洋の核実験海域に入り、第五福竜丸を被曝させたのと同種の実験を妨害し、阻止しようと試みた人たちにも会えました。なかでも強烈な印象を残したのがランディ・ケーラー*という青年でした。

　私と同じハーバード大学を卒業し、当時はスタンフォード大学の教育局で働いていました。会議が終わりに近づいた頃、演壇に立ち、反戦運動にかかわった経緯について発言していました。彼は、カリフォルニア州オークランドの徴兵検査場での抗議行動で逮捕された経験があり、一切協力しないことを徴兵委員会に通知して、徴兵登録カードを送り返しました。

　世界中から集まった聴衆とともに彼の発言に耳を傾けながら、すばらしいアメリカの青年がここにひとり立っていると考えていました。海外から来た人々に、この青年に代表されるすばらしいアメリカ人を見てもらえたことに喜びを感じていました。発言によれば、他の仲間たちは全員が徴兵への抵抗を理由に投獄され、サンフランシスコで戦争抵抗者連盟に残ったのは彼ひとりということでした。反戦集団「徴兵への抵抗」の創設者でジョーン・バエズ*の夫［当時］であるデイビッド・ハリスも投獄中でした。

ケーラーは、いずれ獄中で仲間たちと再会できることを誇らしく思い、満足していると語りました。徴兵拒否裁判の有罪判決を期待しているという発言をはじめて耳にしました。これからも運動は絶えることがないし、自分が投獄されても仲間たちに闘争が引き継がれることがわかっているので幸せな気分だ、と発言は続きました。

心の底から、驚愕する思いでした。なにがこの青年を駆りたてているのか見当がつきません。多くの聴衆がすすり泣き、私も涙が流れはじめました。会場を出て、裏手にある小さな男子用トイレに入り、ドアをロックして床にすわりこんだまま、ひどく興奮した状態で泣きじゃくりました。一年前のロバート・ケネディ*の死、直前のマーティン・ルーサー・キングの暗殺を除けば、なにか出来事に遭遇して大泣きした記憶は他にありません。

これが私の祖国がたどりついた現実なのだと思えました。私の見るところ、同世代の最良の青

＊**バーバラ・デミング**　（一九一七—八四）。アメリカのジャーナリスト。ガンディーの思想に感化され、非暴力による社会変革を主張。反戦運動を積極的に展開し、ベトナム現地にも赴いた。
＊**ランディ・ケーラー**　（一九四四—）。アメリカの平和運動家。六九年に逮捕され有罪判決、二年の刑期を宣告された。
＊**ジョーン・バエズ**　（一九四一—）。アメリカのシンガーソングライター。公民権運動・反戦運動の象徴的な存在。
＊**ロバート・ケネディ**　（一九二五—六八）。ジョン・F・ケネディ大統領の実弟。同政権で司法長官就任。大統領選挙キャンペーン中に銃撃され死亡。

年たちが、自分の人生をかけて最善の行為に訴えると、投獄の憂き目を見るのです。理不尽な戦争に自分たちは加担しないし、すべきでもない、と最大限の強さで意思をあらわす行為です。無論、私の思いも同様でした。

当時一四歳の息子のことを思い、「投獄されるために生まれてきた」という考えが頭に浮かびました。実際、四年後、一八歳になった息子は、ベトナム戦争の継続する状況で徴兵が可能になりました。彼は徴兵カードを返却し、私に相談もなく、投獄される危険を冒しました。自分自身で決断し、私には事後報告でした。当時、徴兵を拒否する多くの青年があらわれ、およそ五万人が裁判所に出廷し、投獄される可能性のある訴訟手続きを強いられました。その後、さらにそれを上まわる数十万人が徴兵への協力を拒みました。ニクソンは徴兵を中止して、撤回する羽目になり、私の息子も裁判にかけられずにすんだのです。

トイレに座りこんで泣き続ける私の頭に、自殺を思いつめている男のことを歌ったレナード・コーエン*の曲「ドレス・リハーサル・ラグ」が流れ、反復される歌詞にふるえる思いがしました。自分の祖国に起きていることを思いながら長い時間泣き続けた末に、ようやく立ちあがり顔を洗って、自分に問いかけました。「よし、投獄は覚悟した。自分としては、戦争の終わりを早めるために、なにをすればよいのか?」これが私の人生の岐路になりました。

後に、ランディに話す機会もありましたが、獄中への道の途上にあるという言葉を彼が口にしたときには、まるで斧が私の頭に振りおろされたように感じました。私の人生がふたつに断ち割られる、ということが実際に起きたのです。それ以前とそれ以後で切り離され、以来、残りの人生を私は生きてきたのです。

声をあげ、立ちあがった人々

スウェーデンやカナダに逃亡するのではなく、良心的兵役拒否の道を選ぶのでもなく、投獄をあえて受け入れることを選択した若きアメリカ人に触れることで、私の人生は一変しました。理不尽な戦争に加担してはならないという主張を、可能なかぎり強く発信することが彼の目的でした。その主張の強みを理解し、私の人生に照らして感じることが多かったゆえに、異議申し立ての威力を学びとり、それが私を変えてくれたのです。先駆けとなった若者たちへの感謝の念を忘れず、後に続く人々に伝えてその行動を励ましたいと思いました。

こうした行動にどんな効果があるのか、われわれには計り知れません。さほど強くはないかも知れない、しかし可能性は常にあります。ランディ・ケーラーが徴兵センターの入口に座りこんで抗議行動を展開したとき、これで戦争を終わらせることができると確信していたわけではありません。一方、私のような元政府関係者に影響が及ぶとは、よもや考えてもいなかったことでしょう。それでも、彼は抗議を続けました。やがて私もそこに加わり、戦争のゆくえを左右する数々の真実を伝える役割を担ったのです。その影響がどんな結果に行きつくか、正確なことは誰に

＊レナード・コーエン　（一九三四―二〇一六）。カナダのシンガーソングライター、詩人、小説家。この曲はＣＤアルバム『愛と憎しみの歌』（ソニー・ミュージック、一九七一／二〇〇七）に収録されている。

もわかりません。

　のちに私は、イラクから届いた放射性廃棄物をコロラド州ロッキーフラッツの核兵器生産施設に運ぶ列車が通る鉄道を妨害して、四回逮捕されました。この施設は水爆に使用するプルトニウム誘発装置の生産を一手に引き受けているうえ、中性子爆弾のプルトニウム炉心の生産に着手しつつありました。その列車が動かなければ、アメリカが保有するすべての水爆の誘発装置を製造するプラントは稼働できません。この装置はすべて、一九四五年八月九日に長崎を壊滅した爆弾の核成分からなっていました。

　どの水爆にも――一時期、アメリカの保有量は数万基にのぼりました――、基本として長崎型原爆を構成部材とする誘発装置があります。そのすべてがロッキーフラッツの施設で製造されていました。ですから、一例として一九七九年八月九日にわれわれが線路に座りこんだときには、長崎を壊滅させた種類の爆弾を生産する施設をこの日、通常通り稼働させてはならないという意気込みでした。実際にその特別な日に、私は詩人のアレン・ギンズバーグ*と一緒に逮捕されました。ところで、ふたりとも別の機会にですが、列車を実際に停止させた経験があります。

「でも結局のところ、生産設備の停止は一瞬のことで、列車は通り続けるじゃないか」と言う人も当然出てきます。それに対する答えはこうです――違う、もし逮捕されていなければ……。

　静かにしない、おとなしくしない、広報を絶やさない。もうこれ以上、核兵器をこの国で製造させてはならない、逮捕者など出す必要のないように、というメッセージを発信し続けるのです。

　市民的不服従の示威行動で逮捕された八八人全員について調べながら、なにが起きているのかを発信しようと思いました――一例として、チェルシー・マニング*が収監されたクアンティコ海兵隊基地［バージニア州］での独房監禁のことをとり上げましたが、「アメリカ政府がイラクやアフガニスタンで行なっている不法行為の真実を一般の人々に知らせたことでひとりのアメリカ国民を投獄するというなら、政府の言動に抗議する国民はすべて逮捕されることになる」と声をあげ続けたのです。

きっと日本では年齢層を問わず、声をあげるべきときには、そうした行動をとられる方が大半だと思います。日本の多くの方々は、過去の経験をふまえてそうした考えに立ち、チェルシー・マニングやエドワード・スノーデン*あるいはランディ・ケーラー、さらにはさまざまな国で同様の行動に立ちあがった多くの人々のことを模範として大事にしているものと確信します。名前をあげた先駆的な人物に励まされて、不法な行為に、「これは間違っている、私は協力しない、これを続けるなら、まず私を逮捕してからだ」と、多くの人々が声をあげ、立ちあがったのです。正当性を欠くことに加担する権利など誰にもない、という事実に人々の注意を向けることができ

*アレン・ギンズバーグ　（一九二六―九七）。アメリカの詩人。ビート世代文学を代表するひとり。
*チェルシー・マニング　（一九八七―）。アメリカ陸軍兵士。二〇一三年、イラク戦争・アフガン戦争に関連する膨大な機密文書をウィキリークスで開示し、スパイ活動法違反で有罪判決を受けた。
*エドワード・スノーデン　（一九八三―）。NSA（アメリカ国家安全保障局）とCIA（中央情報局）の元職員。自ら従事したNSAによる個人情報収集の手口を海外メディアを通じて告発。二〇一三年、逮捕命令が出され、亡命先を求めて現在までロシアに滞在。

たらという願いがこめられていました。

ガンディーの非暴力の抗議に学ぶ

私はいかなる個人に対しても、あれこれすべきと口をはさむことは決してありません。人それぞれの生活環境や行動を起こせる条件、さらには責任をとれる範囲など当事者にしかわかりませんし、自分がなにをすべきかは当事者しか決められません。自分がすべきことは自分だけが決められるのです。

それでも、私は多くの機会をとらえて、逮捕、投獄、失業などの危険に自分の身をさらす行動については、じっくり考えるべきだと言うことにしています。相手が誰であれ、こうしなければいけない、あれをすべきだ、などとは言えませんし、人に代わって私が決めることなどできません。しかし、生命や憲法を守るために、たとえ逮捕される危険があるとしても、個人でできる限りの強い行動――誠実な非暴力行動――を起こすことに価値がないかどうか、人々にはじっくり考えていただきたいと思います。市民的な不服従や逮捕されるような行為だけに十分な意義があるとか、唯一の価値があるなどと言うつもりはまったくありません。一方、特定秘密保護法と憲法改正に反対して結成された日本の学生集団SEALDs《シールズ》(自由と民主主義のための学生緊急行動)のような運動に好感を抱きます。彼らの非暴力行動と決然たる態度には感銘をおぼえました。

私が接してきたアメリカ人のなかには、逮捕されることをまったく意に介さない人々もいます。すばらしいことです。そうした立派な人たちと一緒に活動しています。でも全面的に彼らに同意しているわけではありません。さらに言うならば、示威行動や集会や抗議行動だけがすべてだという人たちがいますが、これにも同意はしません。

現行の制度がどんなに堕落し、機能不全に陥っているように見えようと、選挙での投票も大事なことです。われわれに投票する機会が与えられるとき、そのこと自体も重要な意味をもつということです。私の考えですが、示威行動や抗議行動に取り組む集団は、自分たちが望む変革のための立法を求めて、詳細な具体的要求を諸政党につきつけるべきです。政党に参加したり、特定の政党を支持する必要はありませんが、要求事項をはっきりさせるだけでなく、要求を認めない候補者には投票しないことを鮮明にすべきです。そんな連中は権力の座から放逐し、落選させることです。

私の個人的な考えですが、アメリカ［のウォール街］で行なわれた「占拠運動《オキュパイ・ムーブメント》」の誤りは、明確な政策提言や要求事項を作成しなかったこと、ならびに選挙プロセスに参加して、妨害する議員に反対する機会を生かさなかったことにありました。

その件について、もうひとつ付け加えさせてください。行動をさらに強化しよう、もっと強力なことをしよう、暴力の行使を基本にすえよう、と主張する人々がいます。私には賛成できません、運動の大義に資するものではありません。暴力的な抗議は、自分の経験から見て常に、あらゆる抗議に不信の目を向けさせ、法と秩序を盾にして警察権力の拡大と実際の行使を望む勢力を強化し、弾圧を有効なものにする結果を生じると思います。ですから、暴力への接近は必ずと言っていいほど、誤った方向に導かれ、望ましい状態への変化を阻み、先に引き延ばしてしまう、というのが私の考えです。

最終的に、ガンディーはある時点で、「自分は投獄される道を見つけたのだ」と発言しました。ソローも異議申し立てのひとつの形態として、投獄への道を考えついたと言えますが、ガンディーの考えは、集団規模の投獄でした。大量逮捕をあえて辞さない組織された抵抗運動、というものです。この選択は、反戦運動や初期の労働組合設立時、さらには女性投票権を獲得する運動や南部諸州における人権運動において大きな効果を発揮しました。実効性の高い非暴力の戦術です。

私がなにか独創的なことを考えついたとしたら、それは機密情報の漏洩ではない、とあるとき気づかされました。というのも、情報漏洩そのものは過去から今にいたるまで常にあることだからです。私の行為の独創性は見方によれば、膨大な量に及ぶ情報の開示であり、許可されていないうえ、大きな反響を呼ぶには欠かせない大規模な情報公開でした。それだけに当事者には危険が及び、刑事訴追の可能性が高まります。

エドワード・スノーデンがモスクワからかけてきた電話で、「ダニエル・エルズバーグがいなかったなら、自分の存在はなかった」と話すのを聞き、とても誇らしく思いました。私にはこの上ない栄誉です。ドキュメンタリー映画『アメリカで最も危険な人物――ダニエル・エルズバーグとペンタゴン・ペーパーズ』〔二〇〇九年、日本未公開〕を観たスノーデンは行動への意欲を大いに高められた、と言ってくれたのですが、まさしくランディ・ケーラーとの出会いが私の人生を変えたのと同じことでした。

先ほども言いましたように、それは、ひとりの人間が他者の人生に影響を及ぼすとはどういうことなのか、というひとつの例に他なりません。他の国々と同じように、日本にもエドワード・スノーデンのような存在が必要とされています。それだけに、内部告発や機密情報の公表を阻むことを意図して新たに施行された法律は民主主義にとって危険なものです。

一四歳以来の決意

われわれは、核政策と準備行動、核の脅威と意思決定にかんするペンタゴン・ペーパーズに匹敵する資料を長いこと捜し求めていますが、入手することができずにいます。特にアメリカとソ連が対象でしたが、他の核保有国家も同じです。核の危険性がずっと続いていながら、まだ知られていない実態についての膨大な証拠資料を連邦議会やアメリカ国民さらには世界に示すことができずにいる自分が悔しくてなりません。核戦争の計画と指揮統制さらには核の危機を研究するひとりのコンサルタント、そして行政職員として、私はすでに四、五十年前に知っていたことなのですが。

当時私は、致命的なまでに無謀な非公開の政策に対して、核保有国や全世界に警鐘を鳴らしました。現在、核を保有する国家はかつての怠慢を反省して、警告に耳を傾け改善措置を実行すべきです。かつて、私が高度な情報取得権をもち、原子力計画策定に相当な役割を果たしたことは、ここまでお話ししてきた個人史に照らして、非常に皮肉なことは言うまでもありません。核兵器への嫌悪感と不吉な予感は、一九四五年以来、まったく変わらないままで、片時も私を離れません。

一四歳のとき以来、核戦争の勃発を阻止することが私の人生の最も重要な目標です。

保有核兵器にかんするアメリカ政府の秘密主義とごまかし、それが招く重大な影響が人類の生存を脅かしている、とずっと以前から確信してきました。わが国の核政策の根本的変更が緊急の課題であると理解することが、核兵器廃絶に向けて世界を動かす力になるのです。原子力時代の真実の歴史についての新たな理解がわれわれに求められています。

V　日本の読者の皆さんに

憲法第九条と自衛隊の現実

日本がめざすべき道は、憲法第九条から託されているように、紛争の非暴力的な解決を基本として、あらゆる不測の事態の解決に立ちむかう国々の一員となることです。第九条を支持する日本の皆さんは、自分たちの憲法に書かれたその条項を誇りに思う権利があると思います。そして第九条の存続にむけて懸命に奮闘する、これが愛国心の基本的なありかたであるはずです。

日本という国は、政策遂行の手段としての戦争を放棄することを憲法で定めた例外的存在なのです。日本がその条項を破棄して他の国々と同様になるとすれば、ベトナムやイラクをはじめイエメン、ソマリア、スーダンなどあらゆる地域で、軍事力を理不尽なまでに使用しているアメリカのような国になるということです。

日本は、第九条の存在によって、政策手段としての戦争を放棄するという理念——国連憲章の理念に通じるものです——を守るうえで有利な状況にあります。日本がその理念に従って行動するなら、世界の先例となり、励ましをあたえる標識灯の役割をはたすことになるでしょう。

私がこの数年、発言してきたように、いわゆる自衛隊が拡大して、イラクに関与することで自衛の範疇をこえてしまいましたが、いまならまだ、この方向を反転させ、大多数の日本人が半世紀をこえて支えてきた憲法の諸原則に立ちもどることも可能です。

仮に憲法がそうした行動を認めていたとして、日本人が加担したかったと望むような紛争が過去半世紀にあったでしょうか? 私が日本人であると仮定して、参戦しなかったことが悔やまれるような紛争は思いつきません。

ベトナム戦争の時代に、強烈な印象によって私の人生を変えてしまったあの若者には、良心的な拒否者になる選択だけでなく、非暴力的な仕事を担う一員として軍隊に入る道もあったことを忘れてはいけません。たとえば、過去の戦争であれば、担架の運搬や救急医療隊員あるいは医療救助班の一員となることを志願して、人の命を奪うかわりに、負傷者を看護するあり方です。その道を彼らは選ばなかったのですが、正しい選択だと思います。政策全般が正当なものであるとは認めず、自分たちがその一員として加わり、役に立つという選択を拒んでいたからです。それどころか、この戦争はなにからなにまで理不尽なものであると、自由に明確に主張したのです。

同様に、イラクに派遣された日本の自衛隊員は建設作業や輸送・物資補給の仕事に従事したのであり、戦闘には参加していないと主張するかも知れません。しかし現実には、私もその一員であったベトナムのアメリカ兵士と同様に、不法な戦闘に手を貸していました。実際は、不法占領、侵略戦争に加担していたのです。

まったく別の問題ですが、世界のさまざまな地域の災害救助を日本の自衛隊が支援する場合は、正当性をもっているように見えます。ところが侵略戦争でアメリカの戦闘時に救援する事態になれば、自衛隊は求められません。現地のアメリカ兵が救助にあたります。自衛隊がしたことは、戦争に関与した現実をふまえた率直な戦争批判や抗議の声に包囲された日本政府をなだめることでした。現実にはアメリカという同盟者のために献身的に行動しているのです。すべきことではありません。

自衛隊の行動のなかには憲法に違反するものがある——まさに真実です——と声をあげるのではなく、それにあわせて憲法を変えるべきだという意見がありますが、そうではありません。憲法違反の事例を指摘して停止させること、これが出すべき答えだと強く思います。憲法を遵守し、憲法違反の行為を止めることです。憲法に抵触する行為を許してきた法律こそ廃棄し、改定するのです。いわゆる自衛隊を、その名にふさわしく自衛の行為に専念させるべきです。

投票の問題を取り上げる理由

議会選挙に関連する活動は大変重要なものと思われます。いまアメリカで抗議行動を展開している若者たちは、私の印象では、選挙活動などどうでもよく、すべての問題は路上に出ることにあると主張しているように思うのですが、誤解でしょうか？

声を大にして言いたいことのひとつです。「選挙のことなど問題外」——これは、大きな間違いだと思います。投票行動にも力を傾けなければいけません。非常に重要なことです。

デモ行進や抗議行動、その他さまざまな運動形態はすべて欠くことのできないものです。私の考えでは、非暴力の市民的不服従は無条件に適切なものであり、必要なものでしょう。とはいえ、憲法改正を主張する立候補者には投票しないよう、人々に直接に呼びかける行動にとって代わることはできません。投票の呼びかけが、有権者から見て、不正がはびこり、政治力もない、欠点ばかりが目につくような政党からの立候補者への投票につながる場合もあり得ます。種々雑多で嫌悪すべき面もある政党政治とはいえ、そこに参加することは大変重要な行動形態です。

アメリカの人々はよく、ふたつの悪のどちらかを選べと言われても選びようがない、と口にします。「どちらも悪である場合に、より小さな悪をとろうとは思わない」と。しかし実際には、より大きな悪とより小さな悪が併存している場合があるものです。選挙プロセスのなかで、そうした選択しか許されない事態に直面したら、より大きな悪への反対を示さないことは絶対に過ちです。この場合の選択はあまりに明白です。

現行憲法が現実の状況にそぐわない面があるとしても、どうして憲法改正の試みにつなげるのでしょうか？　憲法は、日本が局外者あるいは反対する立場にたつべき不当な軍事行動に抑制効果をもたらすものと思います。そして、このような効果こそ高く評価されるべきです。

ベトナムやイラクなど世界各地における過去の理不尽な戦争、全世界で実行されている無人機《ドローン》の軍事利用の不法性を教訓として、私の祖国アメリカには、合衆国憲法に内在する国際法の制約を考えてほしいと願うばかりです。日本国憲法第九条が言及する法の支配が、日本ならびに全世界にとって国家安全保障をより確かなものとする基盤にほかなりません。アメリカが如実に示しているような生存競争や最強国の支配などに比べて、ずっと安全性の高い根本原理です。

アメリカとの同盟関係がもたらすもの

過去六〇年余にわたって、日本は実質的にアメリカの庇護のもとにある状態を受け入れてきました。このことを示す例をあげるなら、日米両国の事実上の同盟国であるイラクを支援するために自衛隊を派遣したことです。

いったい、なにから、誰を守るというのでしょうか？　過去半世紀にわたって日本が現実に直面してきた脅威とは、具体的になにを指すのでしょうか？　朝鮮半島からの脅威があったのでしょうか？　北ですか、それとも南ですか？　中国に脅かされたことがありましたか？　私が無知なのでしょうか、それにしても、防衛態勢の構築に迫られるような脅威の存在には思いあたりません。アメリカが日本との同盟関係を盾にして、日本と中国の関係が密接になることを排除しようとしたのが事実だと思います。建て前にせよ、権益を守るために日本の武力行使を必要とするような東アジアの紛争とは、いったいなにを指すのでしょうか？

尖閣諸島などをめぐる対立に目を向けましょう。日本が中国やその他の国々との武力衝突にかかわる必要が、少しでもあるのでしょうか？　私の知るかぎり過去半世紀に、憲法第九条の基本をつらぬく理念を根底から否定するような歴史的事実はなかったはずです。日本の国益を追求し、権利を防衛するうえで、武力の行使に頼るよりも良い方法が常に存在しています。第二次世界大戦時の日本兵にとって、他国の人々を殺害するよりも適切な選択はなかったのでしょうか？

より大きな文脈で考えてみましょう。私は絶対平和主義者ではありません。海兵隊に所属していた時期も現在も、まったく変わりありません。侵略、占領、敵対行動に武力で抵抗することが正当化され、妥当性をもつ場合があると思います。個別の具体例をあげますが、日本の中国および東南アジアへの侵略に対して、中国の共産主義者と非共産主義者が連携した抵抗は、当然のことであり、必要に迫られたものでもありました。ソ連の人口を削減するナチスの計画の現実的な一環であったヒトラーの侵攻に、ソ連が軍事力で対抗した例も適切かつ必然的なものでした。ユダヤ人絶滅だけでなく、ポーランドとソ連に在住するスラブ系住民の大部分を絶滅させる目的があったのです。これに敵対するのは当然のことでした。

当時の日本は戦争陣営の一角を占めていましたが、戦後は紛争に直面することはありませんでした。アメリカもNATO諸国も実際には同様です。旧ソ連による軍事的脅威が想定されていましたが、西ドイツおよび西ヨーロッパ全域におけるアメリカの政治的指導権《ヘゲモニー》を保持する効果を狙った、極端に誇張されたものだったと思います。武力による防衛行動の必要性が高まる可能性はない、などと言うつもりはありません。ただし第二次世界大戦以降、アメリカの判断は実質的にことごとく誇張されていたどころか、誤ったものでした。

武力による紛争の解決を超えて

アメリカのイラク占領への武力抵抗は正当であり、合法的だったかも知れませんが、イラクの国益に大いに貢献することはありませんでした。

私はひとりのガンディー主義者、そしてマーティン・ルーサー・キング信奉者として、ベトナムなどさまざまな事例に触れるたびに思いをはせることがあります。民族主義者は、現実の局面では武力抵抗を展開しましたが、帝国の侵略に対する非暴力の抵抗を追求したなら、もっと良い結果につながったのではないか、という思いです。アメリカ軍へのベトナム民衆の抵抗はまさしく大義そのものであり、正当なものですが、当のベトナムの民衆にとって最適のものであったのか、他の手段を考えあわせると断言できずにいます。

ベトナム戦争ではおそらく二〇〇万人から三〇〇万人の命が奪われました。非暴力的抵抗という別の道を歩んだなら、フランスもアメリカもベトナムを支配しようとはしなかった、などと考えているわけではありません。イラクについても同様です。

ごく一般的な問題提起をさせてください。今日のアジアやヨーロッパに限定して言いますが、現実的な紛争に対処する方策として、武力衝突が最も効果的で正当性があるように思われる地域は、私の知るかぎりどこにもありません。現在のシリアやイラクについてもまったく同じことが言えます。

ＩＳ［イスラム国］の例を取りあげましょう。日本に紛争地への関与が求められる事態がないとも言えません。しかし、爆撃によってＩＳを壊滅し、根絶することはできません。事実として、殺害しても補充兵の数が上まわるだけで、サウジアラビア、イエメン、トルコなどアメリカの同盟国がＩＳの資金源を遮断する別の方策が求められています。総じて、ＩＳに流れる武器や資金の流れを断つことですが、不可能ではありません。

一九九一年の湾岸戦争を例にあげます。アメリカの元参謀長数人が自らの見解を証言していますが、サダム・フセインのクウェート侵攻を断念させるには、武力攻撃よりも輸出入の禁止措置のほうが効果的でした。連邦議会での証言です。私もその通りだと思います。

サダム・フセインの侵略行為に対抗する武力での集団行動は国連からの援助を受けました。このときの日本の財政的支援は、国連が関与する占領を支えるものであり、イラク戦争時の侵略を支援するものとは異なりました。しかし、国連の行動が最善の選択だったとは、いまだに思えません。とりわけバグダッド空爆は、今日に至るも未解決のさまざまな問題を生みだしました。

簡単にまとめますが、過去半世紀のさまざまな出来事は私にとって、ガンディー的な理念の強さを確認させるものでした。武力防衛が必要になる状況などありえないと主張するつもりはありません。慎重な検討を尽くした論議にくわえて、外交と経済の分野における非暴力の対抗策に全力を傾ける可能性を追求するという意味においてです。第二次世界大戦以降、例外的事態はなかったと思います。理にかなった革命的運動についても言えることです。その取り組みに正当性はありながら、良い結果が得られず、非暴力行動と比較して将来的に期待がもてそうにない例が多いのです。

日本の特定秘密保護法について

この法律の成立が急がれた理由はなんでしょうか？　公的機密に関連する日本の法令はすでに整備されています。新法の制定自体もさることながら、十分な論議や国会の慣習に即した審議もなしに、憲法に違反するやり方で国会を通過させる必要があったのでしょうか？　外交および国内政策の両面において民主主義と憲法に反する日本政治の方向性を防御するための立法としか、私には見えません。外国の敵というより、国内の批判から情報機密を保護する狙いです。

半世紀におよぶ平和憲法に関する政府見解をくつがえし、世論の大勢を無視して決定された小泉首相[当時]による自衛隊の海外派遣の際にも、こうした経過を見せつけられました。同盟国を外国の地で支援する。いったいなにを支援するというのでしょうか？　侵略戦争の支援です。派遣された自衛隊はおそらく戦闘行動には参加しなかったでしょうが、イラクのサマーワにおける侵略戦争の一翼を担ったのです。

イラク戦争は、第二次世界大戦時の日本軍によるインドシナ半島や中国の占領と同様に、不条理にして違法な侵略性を帯びていました。憲法ならびに国連憲章と国際法を前提に考えると、日本にはどのような形であれ、この戦争に加担する権利はありません。恥ずべき行為でした。あきらかに同盟国――この場合は私の祖国アメリカです――の理不尽な戦争行動を支援するものであり、日本は戦後一貫した平和主義の伝統を踏みにじったのです。

この点は強調しておきたいと思います。ベトナム戦争にアメリカ国民をひきずり込んだ政府の愚かしく、人をあざむく不法な行動を、私はペンタゴン・ペーパーズで暴露しました。もし私が日本の地で同様の行為に及んだなら、旧法であれ新法であれ日本の秘密保護法によって刑事告発されたことは確実で疑う余地がありません。

機密情報を入手し公開した私と同じことを日本で誰かが実行した場合、ペンタゴン・ペーパーズに相当する日本の防衛庁[当時]文書から、イラク戦争への参画についてなにを読みとることができたのか想像してみましょう。

おそらく、ベトナム戦争の記録と同じものを目にするはずです。日本政府内でもかなり多くの人々が、イラク戦争への参画が違法で、ひどく不幸な結果に終わることが必至であることを理解していました。また、イラク戦争自体が愚かしく犯罪的なものであり、この戦争には、いかなる成功も見こめず、いかなる人間的恩恵にもつながらないことも見抜かれていました。

日本政府内には、その種の文書を作成する多くの職員がいたはずです。日本の官僚機構には、アメリカの場合と同様に、賢明で見識があり、特に組織内部での報告においては、誠実な人々が大勢います。私が最終的にペンタゴン・ペーパーズを暴露したように、それらの批判的な論調の報告文書が漏洩したならば、あるいは、ひとりのエドワード・スノーデン、あるいはチェルシー・マニングが日本政府の高官周辺にいたならば、小泉首相[当時]がイラクの戦闘に日本を参加させることはできなかったはずです。

そういう事態になれば、日本だけでなく世界の秩序にとって価値あるものになったことでしょう。特定秘密保護法の目的は、機密情報を保護するために真実の告白や内部告発をおさえこむことです。では、いかなる機密でしょうか？　この法律は、民主主義に、適法で賢明な政策執行に、いかなる結果をもたらすのでしょうか？

いかなる行政府も、敵対する外国への情報遮断を必要なものと主張して、機密保護を正当化するものです。この主張にはそれなりの正当性があって、もっともらしく聞こえます。しかし、政府はことごとくそうした主張を悪用しますし、いずれの政府においても機密制度の第一義的な目的は、現実に起こり得る公共機関の誤った行動、虚偽、犯罪、誤解、正しくない予測、愚かしいふるまいを国民の目から隠蔽することに他なりません。こうして、国民への説明責任から逃げるのです。

独裁政権でさえ、自身の正統性と適法性を国民に印象づけるために、機密保持に関心を寄せます。民主主義政体の行政府においてはなおさらのことですが、目的は政権の継続です。民主主義を堕落させ、弱体化し、極端な場合には運用不能なものにしてしまいます。当然のことながら、愚かしく、理不尽な、憲法違反の行動が助長されます。イラク戦争時の日本の関与が恰好の例です。無論、アメリカ政府の密接な関与と同じ次元の過ちや犯罪ではないにせよ、「有志連合」に参加した他の国々と同様に、第二次世界大戦時の枢軸国にも似た不法で侵略的な占領の共犯者でした。日本のこうした関与に類似した政策を実行したり、増大させたりしないのは勿論のこと、後悔の残る不名誉な行動を再現させないよう決意を新たにしてほしいものです。

内部告発者を守るために

日本の特定秘密保護法についてさらに加えさせてください。この法律には、民主主義体制下における機密保護法として致命的な欠点があります。アメリカのスパイ活動法にも共通する欠陥なのですが、外国による諜報活動を防止するための行為が、国家機密に抵触する行為とみなされて適用されてしまうのです。

アメリカのスパイ活動法は、自国に真実を伝えることを防止する目的は本来ないのですが、そのようなものとして利用されています。また、日本の法律と同じように、スパイ活動法は「公共の利益」の保護を認めていません。同法によって起訴された被告が、情報漏洩によって公益に尽くしているると主張したり、当の情報の非公開は誤っているとか、漏洩によって危害は生じず、むしろ恩恵のほうが優っていると主張することを認めていません。機密情報の漏洩で最初に刑事告発された私自身の事件をふくめ情報漏洩者や内部告発者が起訴されたいずれの事件においても、上記の主張を陪審の場で論じることは許されませんでした。日本の法律でも同じことです。

国務長官時代のヒラリー・クリントンと後任のジョン・ケリーは、法律のしくみを知った上でか、知らずにか、エドワード・スノーデンは帰国して、法廷の場や報道陣の前で言い分を主張すべきだと異口同音に話していました。もしスノーデンが帰国したら、そのまま投獄されたことでしょう。チェルシー・マニングの場合、一〇か月半の間、独居房に拘禁され、報道機関に話すことなど許されるはずもありませんでした。法廷でも次の尋問に答えることは許されなかったはずです。

「なぜ、この情報を公表したのか?／なぜ、新聞掲載の準備までしたのか?／どうして、この情報を人々は知る必要があると考えたのか?／社会に及ぼす危害あるいは利益をどう考えたのか?」

事の利害得失をどう立証するか、陪審員の前で論じられることはありませんでした。現実に考えられる社会的利益や危害の懸念がないことについての論証が法廷で争われることもなかったのです。一九七一年から七三年にかけて開かれた私自身の裁判やチェルシー・マニングの軍法会議でもまったく同じでした。答えることが許されるのは唯一、「あなたは、この情報を暴露したのか、しなかったのか?」という問いでした。日本の特定秘密保護法でも、同じことが起こります。

内部告発者はアメリカでも日本でも、適切な法令のもとでの公正な裁判を受けることがそもそもできない、ということになるのです。

　言い換えると、社会に知らせるべき不正な行為の証拠を公表する内部告発者には、無条件に不利な法の手続きになっているのです。とりわけ政権が知られたくない情報である場合には、政権への非難が高まり、混乱が生じて政権の座が危うくなります。まさに民主主義を運用し、維持・発展させるうえで欠かせない情報です。このように、日本の特定秘密保護法は、現在も適用されているアメリカのスパイ活動法と同様に、民主主義の可能性を著しく損なうものです。

　日本には、この国に内部告発者はあらわれにくい、日本の伝統や文化になじまないと考える向きもあるようです。仮にそれが真実であるなら、なぜ安倍政権は手間をかけてまで、内部告発者を罰する立法を強引に進めたのでしょうか？　内部告発の懸念がないなら、なぜ、刑事告発を強化し、有罪決定の範囲を拡大し、さらには刑期を延長しようとしたのでしょうか？　むしろ私は正反対に、特定秘密保護法が修正されないなら、良き日本、良き人間性を守るために、あえて違反を犯すべきこともあり得ると考えています。

　エドワード・スノーデンは有罪判決をうけて亡命生活を余儀なくされていますが、その行動自体は正当なものでした。私自身も、累計一〇〇年の刑を宣告されましたが、自分の行動の正しさを疑ったことはありません。チェルシー・マニングは三五年の刑期に服していましたが、二〇一七年五月に釈放されました。生命あるいは憲法を守るために、必要な真実の告白を防止する法律は、違反者が出て当然です。改めるべきです。くり返しますが、修正されないのであれば、違反を犯す必要が認められるべきときもあります。

日本の情報監視体制への懸念

現在のアメリカ、あるいは日本の内部情報に精通しているわけではありません。しかし、かつて政府職員として働き、過去六〇年にわたって核問題と国家機密の研究にたずさわってきた経験にもとづく推測を言わせてください。安倍政権が日本社会と世界の目に触れないよう周到に配慮しているいくつかの国家機密に関連する情報で、不確かな面もありますが、きわめて大事なことです。

私の推測のひとつは、アメリカの国家安全保障局（ＮＳＡ）に類似する日本の情報機関によって行なわれている、日本国内のありとあらゆる結社および団体への監視の性格と規模の大きさです。かなり確信のある推測ですが、日本の監視機関は秘密裏に、すべての市民にかんするデジタルデータと国内の交信状況をひとつ残らず収集し、蓄積したデータを検索する態勢を整備しています。おそらく、ＮＳＡとの大規模な協働作業と役割分担のもとに、このことを進めています。

推測の根拠は、過去数年の間にドイツで明るみに出た、ある事実です。第二次世界大戦終結にともないドイツがアメリカ軍に占領された際、ＮＳＡの前身であるアメリカの諜報機関が当時のドイツ国内における交信をひとつ残らず収集した、という事実が暴露されたのです。もちろん、コンピュータ、デジタル通信、ネット上のチャットやツイッター、携帯電話などが登場するずっと以前のことですから、収集量は現在に比べるとかなり落ちます。しかし、収集可能なものはすべて収集され、蓄積されていました。

さらに最近になって暴露された驚くべき新事実は、ドイツが一九五〇年代中頃に独立と主権回復をはたしたときに、アメリカの関与をふくめ情報収集活動の継続が極秘の条件となっていたことです。情報収集は現在まで続けられてきました。

このことを知ると、占領期の日本（とイタリア）でも同じことが実際に行なわれていたに違いない、という確信に近い思いにとらわれます。日本とアメリカの密接な関係を考慮すれば、占領終了後もこのことに関する合意と一連の作業が続いたはずと強く推量されます。これが事実とすれば、日本政府が抱える最高度の機密であると日本の方々も確信されることでしょう。情報の収集・分析・利用に関係していたかなりの数にのぼる日本人にはおそらく知られていたはずですが、NSAで働いていたスノーデンの同僚が彼の暴露以前にとっていた態度と同じように、完全な沈黙を守っています。

最後に日本の皆さんへのメッセージ

日本のエネルギー需要を原子力でまかなうという決定は無理からぬ面もあるとはいえ、あまりに思慮に欠けています。なによりも地震が頻発し、すでに体験したように津波の脅威にさらされている国土なのです。

ここまで内部告発について議論してきましたが、国家機密だけに関係することのように思われたかもしれません。現実には、東京電力は事故対応など安全性にかかわるさまざまな問題点を、長年にわたって外部の目から隠してきました。基本的には政府と共謀していたのです。その代償が福島の事故でした。私たちが知っているように、実際よりもっとひどい事故になった可能性もありますし、東京に甚大な被害をもたらして、首都の撤退さえ余儀なくされたかも知れません。

東京電力は、日本政府やアメリカ政府に比べても、さらに信頼度が落ちます。とくにアメリカ側の不信感はエクソンモービル社以上です。

ところで興味深いことですが、私は数年前、エクソンモービル社が自社を含む石油会社数社で取り組んでいる二酸化炭素（CO_2）排出と気候変動の関係にかんする調査報告書を隠しているに違いないと、数人のジャーナリストに示唆しました。ベトナム戦争時の政府の意思決定と同様に、かなり現実に踏みこんだ調査研究をしながら、それを隠蔽し、嘘でごまかしていると確信したのです。すると、インサイド・クライメート・ニューズ出身のあるジャーナリストが私の考えに興味をもって数年間、綿密な調査を行ない、最近になってその調査報告書の所在をつきとめたのです。

彼の取材チームは最終的に調査報告書を明るみに出す内部告発者を捜し出しました。その結果、ニューヨーク州法務官事務所による捜査が行なわれ、長年にわたる虚偽説明のかどで、エクソンモービル社の刑事告発が検討される事態となりました。

東京電力の社内には、福島にかぎらず、原発の安全リスクについての調査研究が蓄積されていたものと確信します。気候変動リスクにかんするエクソンモービル社の研究と同様に現実性を帯びていることから、秘匿したまま虚偽の説明で押し通してきたのです。報道機関も社内からの誠実な告発者も、情報の公開を緊急に行なうよう求めています。もし私が日本の組織に所属していて核の危険性の兆候を察知した場合には、もし日本が秘かに核兵器の生産にむけて動き出していることを知った場合には、たとえ終生にわたる収監が予想されようと、あるいはさまざまな傾向の右翼ナショナリストから暴行を受ける危険があっても、その情報を日本社会と世界に暴露することでしょう。

アメリカのイラク侵攻を支援して自衛隊を派遣するという憲法違反の行動は、アメリカ政府当局への告発あるいは弾劾があってしかるべきでした。無論、そうしたことは起きそうにありませんが、同様に、人類が気候変動や核兵器の危険に満ちた行く手を生き延びる可能性はないとは言いませんが、決して楽観視はできません。地球政策の愚かしさは、日本の原子力依存と変わりありませんが、はるかに大規模なものです。

しかし、可能性が低いということは不可能を意味しません。東京電力の役員を起訴することが不可能ではなかったように、日本における原子力利用の拡大を抑制することも不可能ではありません。不可能ではないし、世界最強の経済と社会を誇る国のひとつである日本には不可能なことと決めこんで行動すべきではありません。第九条に由来する賢明な政策を堅持し、核によらない攻撃に対する日本防衛を口実としたアメリカによる核の先制使用への依存を拒み、例外なく先制使用に反対する(中国と同じです)ことも不可能ではないのです。

同盟国のアメリカやロシアなどの核保有国に核生産工場の大規模な縮減を求めることも日本の意思次第です。友人の飲酒運転を友人といえども許さないのとまったく同じことです。日本は友好国であり同盟国であるアメリカが、長期にわたって世界を先導してきた愚劣な核政策に固執することを許し続けてはいけません。

核攻撃を実際に経験した国が、人類への犯罪を最初に実行したアメリカによる核殺戮の先制脅威に長期間依存してきた関係（NATOでもまだ続いています）を先頭に立って断ち切り、模範的な事例となることは、実現困難に思われますが、不可能ではありません。

長い時間が経過しましたが、遅すぎることはありません。核兵器の無条件無力化と地球全体の最終的非核化にむけた世界の要求に対して、日本が実際的な影響力を及ぼしてほしいのです。

解　説

吉岡　忍

ベトナム戦争はアメリカが行なった「汚い戦争」だった。アメリカ政府は一九六五年、国家の独立と統一をめぐるベトナムの混乱に乗じて軍事介入し、以後一〇年間にわたって枯葉剤を含む最新兵器を大量に使用して東南アジアの小農業国を破壊しつづけた。当時の大統領らはのべ三〇〇万人、最大時五十数万人の兵士を送り込み、これは「ベトナムに自由と民主主義をもたらすために必要な戦争なのだ」と喧伝したが、彼らが肩入れした南ベトナム政府の腐敗と米軍の残酷さがその公式見解を裏切っていた。

戦争が始まったとき、私は高校生だった。いずれはアメリカに留学し、向こうで仕事をするかもしれない、と漠然と考えていた高度成長期の子どもにとって、これは無関心ではいられない戦争だった。六七年春、大学入学とともに私が「ベトナムに平和を！市民連合」（ベ平連）の運動に参加したのは、「アメリカよ、正気にもどってほしい」という気持ちからだった。

やがて在日米軍基地から次々に脱走してくる米兵をスウェーデンに送る活動に従事するのだが（西側では同国政府だけがアメリカの戦争政策を批判し、脱走兵を受け入れていた。そのために尽力した、のちのパルメ首相は路上で暗殺された）、傷つき、怯えた彼らからもこの戦争が、アメリカ政府が東南アジアにおける軍事的・政治的プレゼンスを確保するために腐りきった南ベトナム政府を支えるものであることをさんざん聞かされることになった。

こうした実情は、もちろんアメリカの新聞・テレビも断片的には伝えていた。折りからの人種差別撤廃・公民権運動と連動しながら、反戦の気運も盛り上がった。徴兵カードを焼き捨てる若者たちが現われ、ホワイトハウス前ではデモも行なわれた。また日本ばかりではなく、アメリカ政府に追随するヨーロッパ各国でも反戦運動は広がった。

しかし、パリで和平交渉が始まった六七年末でも、ベトナムからの米軍撤退を支持するアメリカ世論は一割に過ぎず、戦局が膠着し、勝利が見込めなくなった六九年夏になっても、まだ七割の国民は戦争継続を期待していた。

*

こうしたなか、二つの重要な秘密の暴露があった。一つは、六九年末に雑誌『ザ・ニューヨーカー』や『ライフ』が行なったソンミ村事件の報道である。

これは、その前年の三月、米軍部隊が南ベトナム北部のソンミ村ミライ地区を急襲し、村民ほぼ全員の五〇四人を数時間のうちに虐殺し、村を焼き払った事件である。戦後になってだが、私はこの村を訪れ、生き残った三人の村人から当時の惨劇のさまを聞いた。強姦され、炎上する家に投げ込まれて殺された女性もいれば、空き地に集められ、一斉射撃で皆殺しにされた人たちもいた。一七〇人は乳幼児を含む子どもたちだった。

最終的に三〇〇万人のベトナム人が犠牲となった戦争では、こうした惨劇はいたるところで起きていたに違いないが、いずれも通常の戦闘行為として処理・隠蔽されてきた汚い戦争の一端が何十枚もの現場写真と、そこに居合わせた兵士たちの証言によって明らかにされたことは、アメリカ世論を動かさずにはおかなかった。

二つ目は、一九七一年六月、本書の語り手、ダニエル・エルズバーグが米国防総省機密文書を暴露したことである。

「ペンタゴン・ペーパーズ」と呼ばれた文書は、当時のマクナマラ国防長官が戦争の指揮を執る一方で、なぜアメリカはアジアの小国相手の戦争に勝てないのか、そもそもこの泥沼はどのように始まったのかを極秘に調査させた約七〇〇〇ページの報告書である。エルズバーグ自身が、国防総省の上級職員としてこの機密文書作成に関わった一人だった。調査の過程で、彼は本書でも詳しく述べているように、この戦争が「本質的に帝国の戦争であり、新しい植民地戦争であり、(この戦争への)加担にはいかなる正当な理由も見いだせ」ない「理不尽な戦争であり、公正な戦争ではない」ことを見抜いていった。

一刻も早くこの戦争をやめさせなければならない、と考えたエルズバーグは機密文書をコピーし、『ニューヨークタイムズ』紙や『ワシントンポスト』紙に持ち込んだ。アメリカ政府はただちに記事差止めと彼を訴追する動きに出たが、もはやアメリカ政府の戦争政策を支持する世論は国内でも国外でも激減していた。二年後、米軍主力部隊はベトナムから撤退し、さらに七五年四月末、北ベトナム軍と南ベトナム解放民族戦線がサイゴン(現ホーチミン市)を制圧し、戦争は終わった。

＊

と、ここまではベトナム戦争とペンタゴン・ペーパーズの暴露が戦争終結に果たした役割の概略だが、エルズバーグは本書で彼自身の生い立ちと、そもそもなぜ身の危険を冒してまでそのような挙に出たかを率直に語っている。

第二次世界大戦末期、デトロイトで過ごした少年時代、彼は社会科の先生から科学技術の発展の先に現われる原子爆弾の話を聞き、そのすさまじい破壊力が人類にもたらすものについて考え込んだ。広島・長崎に原爆が投下される前である。どの国が先に実用化するにせよ、これは人類の生存を脅かす「悪」だ、と彼も彼のクラスメートも考えた。だが、その恐るべき兵器は実際に自分の国の政府によって実用化され、使われた。

それから一一か月後、父親が居眠り運転をし、乗っていた母親と妹が即死、父もエルズバーグ少年も重傷を負った。父は州の幹線道路や、世界最大という二〇〇〇メートルにも及ぶ爆撃機製造ラインを設計する優秀な構造工学技術者だった。しかし、尊敬する父、権威ある専門家も気の緩みや単純な間違いから重大な結果を引き起こしてしまう。これもまたエルズバーグが身をもって知った人生の真実だった。

青年になった彼は海兵隊で兵役を終えたあと、軍事戦略の研究機関で当時のソ連や中国を仮想敵とする核戦争の調査に従事し、もしそれが実行された場合には六億人、本格的に水爆が使われた場合には一〇億人もの人々が犠牲となる戦略が着々と立案されていることに慄然とする。その後の「核の冬」に覆われた地球では、おそらく人類だけでなく、あらゆる生き物が死に絶えるだろう。しかもこれは単なる机上プランではなく、日本の沖縄や岩国、韓国のクンサン米軍基地などで実際に運用されている核兵器の実態だった。

もちろんこうした事実は厳重に隠されていた。

＊

いったい国とは何だろう。自由を言い、繁栄を語り、民主主義を誇っているはずの国家が、じつは膨大な秘密を抱え、自国民も巻き込んで、地球を破滅させかねない軍事戦略を平然と推し進めるとはどういうことなのか。これは過去ではなく、いま現在の問題でもある。

政府は、アメリカやロシアや中国でも、ヨーロッパ各国や韓国や日本でも、安全保障体制を整備し、国民を守るために必要だ、と口当たりのよい説明をしているし、これからもそう言いつづけるに違いない。そのうえで、外交や軍事には秘匿しなければならない情報が多いので、マスメディアの取材の自由や国民の知る権利には一定の制限をかける、と言いだすだろう。

実際、日本で二〇一三年暮れに成立した「特定秘密保護法」も「その漏えいの防止を図り、もって我が国及び国民の安全の確保」をすることが目的だと謳い、政府所有の情報数十万件をいっきに秘密にしてしまった。そして、これを漏洩した者は公務員であろうと民間人であろうと厳罰に処すとし、秘密にアクセスできる人物の家族や係累の身辺調査にも着手した。思えば、従来は政府も否認してきた「集団的自衛権」の行使を閣議決定でくつがえし、日本国憲法第九条を変えて自衛隊の存在を明記しよう、という政府与党の動きが加速したのはそれからだった。

これはまさにエルズバーグが直面した現実である。軍事システムとその膨大な秘密を組み込んだ社会は、自由も民主主義も形ばかりのものとなり、とたんにきな臭くなる。政府は軍事戦略を国民に正直に語りはしないし、嘘をつき、嘘の上塗りを平気でしつづける。それは手の内を敵に知られないため、国民を守るためではなく、エルズバーグ自身が身をもって示したように、たいていは権力者が「支配権を維持する」ためである。

では、何が、あるいは誰が、こうした政府の行動を止めることができるのか。

＊

エルズバーグは自分に影響を与えた人々について語っている。イギリスに対する非暴力抵抗によってインドを独立に導いたマハトマ・ガンディー。公民権運動の指導者で、遊説先のメンフィスで暗殺されたマーティン・ルーサー・キング牧師(彼が暗殺された六八年四月のその日、私は黒人脱走兵を連れ、静岡県の某病院の結核病棟に隠れ住んでいた。テレビ・ニュースで事件を知った脱走兵は、ひと晩中泣きつづけた。メンフィスは彼の故郷だった)。

そして、国際会議の場で徴兵拒否の決意を述べ、あとにつづく者がたくさんいることを思えば、投獄は「幸せな気分だ」と語った若者の姿。「同世代の最良の青年たちが、自分の人生を賭けた最善の行為に訴える」姿に、エルズバーグは涙をこらえきれなかった(「同世代の最良の青年たち」は、詩人アレン・ギンズバーグが五〇年代、アメリカの没落を予見して書いた詩「吠える」の冒頭を思い起こさせる。詩には「僕は見た／狂気によって破壊された僕の世代の最良の精神たちを／飢え／苛ら立ち／裸で」云々とある(諏訪優訳、思潮社版))。

また、父親の存在も大きかった。父親は妻と娘を失った数年後、設計事務所を辞めた。その理由をエルズバーグは聞いたことがなかったが、あるときその話題となり、じつは水爆の原料を生産する巨大工場の設計を依頼されたことがきっかけだったと知る。「水爆を製造するのは嫌だった。なにしろ、爆破力が原爆の一〇〇〇倍以上だ!」。そこから洩れだす放射性廃棄物は何万年にもわたって、国土を汚染しつづけるだろう。

だが、なぜ父親は核兵器を嫌悪するようになったのか。それは、まだ少年だったエルズバーグが「こんなひどいこと、はじめて知ったよ」と泣きながら家に持ち帰ったジョン・ハーシー著『ヒロシマ』を、父も読んだからだった。エルズバーグはその本を父に渡したことをすっかり忘れていたが、父もまたそこに描かれていた途方もない被爆地の惨状に突き動かされていた。

八〇代も後半になったダニエル・エルズバーグが本書で語っているのは、ひとつの精神の軌跡である。折々の現実に直面し、迷い、さまざまな人や書物に教えられ、その一方で知らず知らずのうちに誰かに影響を及ぼしながら、少しずつ着実に姿を現わしてくる良心的精神の形。世界を独占し、破滅へと導く権力者は入れ替わり立ち替わり現われるとしても、相互に影響し合い、それらに対して異議を申し立てる精神もまた、いつの時代、どんなところでも生まれてくる。本書には、そのことへの信頼と楽観が通奏低音として響いている。

(ノンフィクション作家・日本ペンクラブ会長)

ダニエル・エルズバーグ(Daniel Ellsberg)

1931年シカゴ生まれ．戦略研究者，平和運動家．元国防総省勤務，元国防次官補佐官．ハーバード大学卒業後，ケンブリッジ大学に留学．ランド研究所，米国国務省で政策研究を行なう．「ペンタゴン・ペーパーズ」作成に関わるが，1971年に国防総省のベトナム政策決定経過を『ニューヨークタイムズ』や『ワシントンポスト』に内部告発して合衆国法典793条e項(国防機密漏洩罪)違反に問われ，起訴，解任される．その後，ロサンゼルス連邦地裁で公訴棄却の判決．以後，軍縮の研究に従事しながら，平和運動に携わる．2016年，ドレスデン平和賞受賞．最新刊は，*The Doomsday Machine: Confessions of a Nuclear War Planner,* Bloomsbury Pub Plc USA，2017(邦訳は，岩波書店より刊行予定)．

梓澤登

1946年生まれ．訳書に，ジョン・デューイ調査委員会編著『トロツキーは無罪だ！』(現代書館，2009年)，ヴァーン・スナイダー『八月十五夜の茶屋』(彩流社，2012年)，ジェニファー・ワーナー『ダルトン・トランボ』(七つ森書館，2016年)など．

若林希和

大阪生まれ．7歳の時に父親の仕事の関係で渡米，小学校卒業までをロサンゼルスで過ごす．ホテル，出版社，旅行代理店，大使館などでの勤務を経て，2013年から，主に海外のテレビ局やメディアの現地プロデューサーとして活躍．2018年3月没．

国家機密と良心
—私はなぜペンタゴン情報を暴露したか
ダニエル・エルズバーグ　岩波ブックレット 996

2019年4月5日　第1刷発行

訳 者　梓《あず》澤《さわ》 登《のぼる》　若《わか》林《ばやし》希《き》和《わ》

発行者　岡本 厚

発行所　株式会社 岩波書店
〒101-8002 東京都千代田区一ツ橋 2-5-5
電話案内 03-5210-4000　営業部 03-5210-4111
https://www.iwanami.co.jp/booklet/

印刷・製本　法令印刷　装丁　副田高行　表紙イラスト　藤原ヒロコ

ISBN 978-4-00-270996-3　Printed in Japan

読者の皆さまへ

岩波ブックレットは，タイトル文字や本の背の色で，ジャンルをわけています．

赤系＝子ども，教育など
青系＝医療，福祉，法律など
緑系＝戦争と平和，環境など
紫系＝生き方，エッセイなど
茶系＝政治，経済，歴史など

これからも岩波ブックレットは，時代のトピックを迅速に取り上げ，くわしく，わかりやすく，発信していきます．

◆岩波ブックレットのホームページ◆

岩波書店のホームページでは，岩波書店の在庫書目すべてが「書名」「著者名」などから検索できます．また，岩波ブックレットのホームページには，岩波ブックレットの既刊書目全点一覧のほか，編集部からの「お知らせ」や，旬の書目を紹介する「今の一冊」，「今月の新刊」「来月の新刊予定」など，盛りだくさんの情報を掲載しております．ぜひご覧ください．

▶岩波書店ホームページ　https://www.iwanami.co.jp/◀
▶岩波ブックレットホームページ　https://www.iwanami.co.jp/booklet◀

◆岩波ブックレットのご注文について◆

岩波書店の刊行物は注文制です．お求めの岩波ブックレットが小売書店の店頭にない場合は，書店窓口にてご注文ください．なお岩波書店に直接ご注文くださる場合は，岩波書店ホームページの「オンラインショップ」(小売書店でのお受け取りとご自宅宛発送がお選びいただけます)，または岩波書店〈ブックオーダー係〉をご利用ください．「オンラインショップ」，〈ブックオーダー係〉のいずれも，弊社から発送する場合の送料は，1回のご注文につき一律650円をいただきます．さらに「代金引換」を希望される場合は，手数料200円が加わります．

▶岩波書店〈ブックオーダー〉　☎049(287)5721　FAX 049(287)5742◀